3步驟 做頂級天然保養品

【暢銷修訂版】 **65** 款 保養品、貼身皂、自然美膚配方一次收錄。

石彥豪——著

熱愛自然生活的生存理念

什麼是手工皂？　天然保養品怎麼做？　要如何打皂？

為什麼要用手工皂？　鹼水＋油＝皂？　牛乳入皂如何保留養份？

　　這些是在我尚未接觸到小石老師的手工皂課程之前，心中存留的許多疑問，我看遍了市售所有的手工皂書籍，也上網看了做皂的大大小小部落格，甚至搜尋做皂的影片，但是都沒有我要的答案！

在一次無意間的網路瀏覽，看到小石老師在幾年前上課時的影片，他的上課方式讓我留下深刻的印象，再度激起我對學習手工皂的熱情，幾番尋找後，終於有機會上了小石老師的課程。

　　親自打了第一鍋皂後才發現，原來以前所接觸的打皂知識，是如此的不足甚至錯誤，上課之後我學習到了許多作皂的知識，從鹼水的調製、油脂與精油的特性、打皂的手法、時間的掌控、手工皂的價值等，我也因此得到了許多製作保養品的小技巧，原來一樣的油品素材，可以同時做出天然頂級的保養品以及手工皂，每一次上課，都讓我更加堅定繼續前進，不斷的學習，因為這不只是為了興趣，而是與我一直在追求的理念「自然過生活」相同。

每個人的做皂手法與習慣或許相同或許不同，但在小石老師的教學中，我看到的不僅僅是做皂而已，其中還包含了對環境的熱愛、對大自然產物的疼惜，甚或對人類永續生存的期待！

　　當你看到這一本書，不要再只是看了，動手來製作保養品及手工皂，親自去體驗它自然神奇的魅力吧！

台灣基督長老教會　重新教會社區教育主任

黃珊妮

推薦序 2
認真‧不藏私的教學態度

　　第一次觀摩手工皂的製作,只是好奇它的化學過程,沒有想到使用手工皂的觸感舒服到令人陶醉!一塊好皂,是會令人上癮的。

　　因為喜歡手工皂,想製作出適合自己膚質的手工皂,所以踏上了學皂之路,一開始在書店中尋找各家達人的出版品,各家達人的技法卻又有些許不司,差別在哪裡?製成的皂會有什麼差別?看完書,腦中的疑問越來越多,想要閉門造車大概是不可能的,因此我開始上網尋找手工皂課程的訊息。

　　比較過幾項課程,選定石彥豪老師的課(真要稱讚自己有眼光),課程內容的精采及豐富是無庸至疑的,老師的不藏私才是令人驚訝,除了學習打皂技巧,我了解原來保養品也能自己製作,材料取得容易,而且只要3個步驟就很簡單上手,不僅能省下荷包,而且可以針對自己的膚質設計專屬的頂級保養品,我想是因為真誠,所以才能做到這一點吧!

　　石老師推廣天然手工皂、保養品的用心及努力是有目共睹的,教學、解決疑問、提供原料、培養講師群等,當他的學生是很幸運的,認真的石老師要出書了,抱怨老師的課程一早就額滿的同好們,可別錯失「擁有石老師」的好機會!

台北縣古蹟文化協會　理事長

劉尚梅

只做天然好東西

自製天然保養品及手工皂・細心呵護肌膚健康

　　自古流傳一句名言：「世上沒有醜女人，只有懶女人！」，現在只要打開電視機，隨時隨地都可以看到名牌保養品廣告，原來，每一個女人的化妝台上總是少不了許多瓶瓶罐罐的保養品，隨著生物科技的進步，琳瑯滿目的保養品也充斥了我們每天生活的環境，面臨五花八門的市售保養品，除了不知如何下手選購之外，昂貴的價格，更是讓姊姊妹妹們的荷包大失血。每天早上，我看見我的母親將這些保養品塗抹於臉上，那時的我早已司空見慣了，直到有一天我接觸到手工皂的領域，越來越了解各種油脂與眾多萃取物的特性，而我也更深入研究起保養品這個神秘的世界。

　　「愛美是女人的天性」，但是隨著時代變遷，變美已經不再是女性朋友的專利了，不管男女老幼，都要好好照顧自己的肌膚，然而改造自己，呵護自己的肌膚，真的有這麼困難嗎？真的要一味的購買高單價的市售保養品，才算是真正的保養嗎？看到女友每過一段時間，就要在專櫃與開架式櫃採購保養品的情形，讓我真的傻眼了，為了留下美麗容顏的背後，代價還真不小啊！

自然美膚素材・就在你我的身邊

　　其實「變美」一點都不困難，許多改變健康肌膚的魔法素材就在你我的身邊，運用自然的油品及萃取液等材料，只要簡單

3步驟及製作技巧，就可以作出純天然不含化學藥劑的保養品及潔膚手工皂，留住青春的腳步，試著自己動手製作保養品及手工皂，不僅可以體會其中的奧妙及樂趣，也可以讓肌膚達到保養的效果。

簡單實用‧65款頂級美肌的保養品、手工皂配方

　　本書分為保養品及手工皂兩個部份，一共收錄了65款美膚配方，每一種配方都是經過仔細的研發及嘗試所調配而出，不管是新手或是入門的朋友們，你都可以運用簡單的3步驟製作出頂級的天然保養品，簡單易懂的獨門打皂技巧，讓你作出具清潔及保養雙重功效的手工皂，是一本非常方便操作而且實用的工具書。

　　製作保養品及手工皂真的一點都不難，首先了解自己的膚質，選擇適合的油品素材，依照本書的配方比例及功效說明，你也可以輕鬆調配出專屬自己的最佳配方，給予肌膚最頂級的滋養及修護，讓大家可以用少少的荷包，製作出高貴卻不昂貴的保養品及手工皂，是這本書籍的宗旨。

　　在此小弟我特別感謝出版社的大力支持，及所有參與本書的工作人員，讓這本集結了保養品及手工皂的實用工具書能順利並完整的呈現給各位水水的美人兒們。

CONTENTS 目錄

3 | PART3
手工皂基礎教室

4 | PART4
美肌貼身皂全呵護

1

DIY換來
好膚質‧
保養品
基礎教室

保養不一定要花大錢，
了解肌膚真正的需要，
才能維持健康美麗的肌膚，
本單元帶你認識
自製保養品的天然素材及工具介紹，
輕鬆愉快的做出
最適合自己的頂級保養品。

≫ 聽見肌膚的聲音，給予最好的呵護

你是否花錢購買了許多名牌保養品，使用後肌膚氣色仍然暗沉無光，家裡總是堆滿了一瓶瓶只用到一半的保養品？你是否製作過許多的手工皂，但總是調配不出最好用的配方？如果你的肌膚出現乾燥鬆弛、老化過敏的現象，代表肌膚正在說話，正在發出警訊，也許你該想一想，是不是你現在使用的保養品出了問題？

≫ 保養三步驟，你也可以變成天然美人

保養品和手工皂一樣，是最貼近我們生活的用品，所以需要天然純淨的方式來細心呵護肌膚。其實品牌不重要，重要的是如何依照肌膚狀況選擇適合的保養品，親手DIY保養品和手工皂得到的效果超乎你的想像，也因為親身參與製作的過程，更能清楚了解其中的成分，都是運用容易取得且營養的油脂及原料，只要3個操作步驟就可以作出媲美專櫃等級的保養品，不僅能為你省下荷包，更能為肌膚帶來健康，改善惱人的肌膚問題。

本書前半部將介紹九大系列保養品的製作原理及保養配方，後半部則提供手工皂的基本操作及頂級配方，從今天起，你也可以給肌膚最好的呵護。

≫ 熱製法與冷製法的不同

保養品因製作方式不同，最常使用的兩種方法有：

	製作方法	製作產品
熱製法	熱製法是將油脂及乳化劑隔水加熱，你可以加入喜愛的香精或萃取液來增加香氛及療效，配方中若有可可脂、蜂蠟等固態油品，也要隔水加熱成液態油脂以方便製作，不需要過度加熱，所以並不會破壞油脂的養分。	常用來製作乳霜類的產品，如：護手霜、精華霜、眼霜，成品質地較為濃稠綿密、擦起來很滋潤，適合乾燥及老化肌膚的人使用。
冷製法	配方中有軟油，不需要加熱，直接將油脂與冷作型乳化劑混合，再加入適當的純水混合均勻即可，你也可以加入精油或香精來提昇功效及香氣，操作起來方便簡易。	一般常用來製作乳液類或卸妝產品，如：卸妝油、身體乳液、護手乳，乳液的質地不會太過黏膩，很好吸收而且擦起來清爽有水感，很適合中油性肌膚的人使用。

≫ 材料選擇原則

在製作保養品之前，要先了解自製保養品需要那些材料，植物油是保養品及手工皂最主要的材料之一，不同保養品的原料、精油、萃取液等，都能使植物油的型態改變，製作出不同功效及用法的保養品。

保養品原料

製作保養品的原料在一般化工行很方便就可以購得，也許有些名詞聽起來很陌生，但其實不用太過擔心，因為市售保養品也是使用這些原料來製作的。這些原料只是將油脂轉換成保養品型態的媒介，例如：由液狀變為霜狀，可以直接以徒手接觸，製作時完全不會有任何危險性。

卸妝油乳化劑 ＞ 運用 > 卸妝油

　　卸妝油是能溫和、不傷害肌膚的卸妝選擇，因為油水不相溶，所以加入了親油的乳化劑來中和，乳化劑可以輕易的溶解在油脂中，遇水則會乳化，搭配臉部按摩，可以徹底溶解彩妝，將髒污帶出皮膚表面，常用的乳化劑種類有Tween#20、Tween#60、Tween#80三種，數字越大代表「親油性」越高，如：T80（Tween#80），洗淨力強，常與較滋潤的油脂如橄欖油、酪梨油搭配做成卸妝油、T20（Tween#20）則比較「親水性」，起泡度較小也比較溫和，適合敏感性肌膚的人使用，油脂的比例越高越滋潤肌膚，如果乳化劑的比例越高，則清潔力越強。

油脂與卸妝油乳化劑比例分配表

油脂	質地	乳化劑	比例
葡萄籽油	清爽	T20	7：3
紅花油	親膚性佳	T60	8：2
橄欖油	滋潤	T80	8：2

▲卸妝油乳化劑呈現淡黃色濃稠液狀，在一般化工行皆可買到。

冷作型、熱製型乳化劑 ＞ 運用 > 乳液、乳霜類產品

　　乳化劑的種類繁多，一般可分為兩大類，使用冷製法製作保養品時，可以選擇冷作型乳化劑（又稱簡易乳化劑），如果是使用熱製法製作乳霜類保養品時，則可以選擇熱製型乳化劑（又稱植物乳化劑），植物乳化劑是小麥胚芽油所提煉而成，成份天然無刺激性。

　　乳化劑是油和水結合的媒介，可以使油脂和水融合成為乳液或乳霜，運用油脂來達到護膚的功效，乳化劑的用量約為總油量的1%～2%，若添加太多做出的成品可能會太過濃稠黏膩，而造成使用上的不適感。

弱酸性、胺基酸、椰子油起泡劑 ＞ 運用 > 洗顏產品、洗髮產品

　　起泡劑可以結合油脂和水來產生泡沫，最常使用的起泡劑有三款，弱酸性起泡劑偏弱酸，接近肌膚的PH值且不刺激，是最常使用的起泡劑；胺基酸起泡劑是用蔗糖提煉而成，單價稍微高一點，屬於天然的植物性起泡劑，成分自然不容易引起過敏，可以產生綿密的泡泡，製作出不同洗感的潔顏或洗髮產品。椰子油起泡劑的清潔力較胺基酸起泡劑高，適合男性、油性肌膚的人使用；胺基酸起泡劑洗感柔潤溫和，適合敏感、老化肌膚的人使用，建議用量約為總油量的1%～5%。

凝膠形成劑 ＞ 運用 > 精華液、凝膠類產品

　　倘若你希望化妝水或純露等水性物質可以停留在肌膚上，達到長效保濕及護膚的功效，那麼你可以製作凝膠類保養品，凝膠形成劑又稱為速成透明膠，是一種高分子聚水物，可以結合水分子形成果凍狀的凝膠，只要微量就可以聚集大量的水分，可以將水分鎖住，長效停留在肌膚上，建議用量為10%～20%。

奈米級二氧化鈦液　　運用 > 隔離霜、防曬產品

　　二氧化鈦是一種物理性防曬成分，能防止UVA、UVB等紫外線阻隔，具有防曬的效果，安全性佳，不會對肌膚造成傷害刺激，可以均勻的融解於水中，是防曬乳、粉底液經常使用的原料，每添加1%的二氧化鈦，可以達到SPF值（註）2～3的防曬效果，奈米級的二氧化鈦的質地柔順，塗抹於肌膚不會有白粉的浮出。

註　什麼是SPF值？
　　所謂的SPF指的是防曬系數（Sun Protection Factor），指的是「使用防曬品後可維持多久的時間不被曬傷」的時間值，一般肌膚未塗抹防曬用品曝曬在陽光下約15分鐘後即會曬傷，如果使用SPF15的防曬產品，那麼將SPF15×15分鐘為225分鐘，也就是說使用SPF15的防曬品，防曬效果可以達225分鐘（約3個半小時）。

油脂

　　油脂提供肌膚功效及營養成分，在保養品或手工皂的配方中都是不可或缺的一個角色，油品的選擇多以植物油為主，熟齡肌膚可以選擇橄欖油、玫瑰果油、月見草油等滋潤度高的油脂，有防皺抗老的功效，敏感性肌膚可用酪梨油、甜杏仁油等油品，可以幫肌膚修復鎮定，如果不喜歡太過黏膩的感覺，你可以選擇蘆薈油、夏威夷果油，吸收力非常好，質地不油膩。

油品運用一覽表

油品	運用於保養品	運用於手工皂
橄欖油 Olive Oil	含有豐富維他命及礦物質，能達到長效保濕及滋潤，有治癒修護肌膚的功能，**適合做卸妝油、乳液、乳霜等保養品，在肌膚表面成保護膜**，深具滋潤效果。	橄欖油是手工皂的基礎油脂之一，**入皂後皂性溫和，能提供天然保濕成分**，滋潤度極佳，起泡度雖小卻很持久，適合用來製作乾性髮質的洗髮皂或嬰兒用皂。
棕櫚油 Palm Oil	棕櫚油效果溫和，具有良好味道及堅果香氣，**具有維生素E，本身不容易氧化酸敗**，常被用來製作洗髮精、潔顏產品。	用棕櫚油製作的手工皂質地較堅硬，不易軟爛，**可延長手工皂的使用壽命，是製作手工皂必備的油脂**，經常搭配橄欖和椰子油使用，建議用量約在10%～20%。
椰子油 Coconut Oil	椰子油可以為肌膚補充足夠的油脂養分，**可以產生大量泡泡而達到清潔作用**，常用來製作潔顏產品，如洗臉慕絲。	**椰子油的起泡度高、清潔力佳**，富含飽和脂肪酸、能做出質地堅硬的手工皂，建議用量約為20%，太多則會傷害肌膚。
蓖麻油 Castor Oil	蓖麻油有緩和及潤滑皮膚的功效，能給予肌膚長效保溼的功能，**常用來做為乳液、乳霜，很適合乾性肌膚使用**。	蓖麻油是一種很滋潤的油脂，**對頭髮肌膚都有極優的保濕效果**，建議和椰子油一起搭配使用，起泡度高，很適合用來製作洗髮皂。
紅花油 Safflower Oil	富含蛋白質、礦物質、維他命等營養素，以及豐富的必需脂肪酸，**親膚性高**，適用於各種膚質，很適合用來製作卸妝油、乳霜等保養品。	紅花油的養分容易被毛細孔吸收，加速血液流動，**加快皮膚的新陳代謝，保濕性佳**，能增加肌膚的光澤與彈性。

油品	運用於保養品	運用於手工皂
葡萄籽油 Grapeseed Oil	葡萄籽油質地清爽不油膩，含有多種抗氧化物質，如：肉桂酸與香草酸等天然有機酸，可以**抵抗老化，保留肌膚的彈性，防止皺紋的增生。**	葡萄籽油的滲透力及吸收力極佳，入皂後洗感不乾澀，很適合敏感及油性肌膚，能保濕滋潤，改善粉刺、乾燥的肌膚問題。
甜杏仁油 Sweet Almond Oil	屬於中性不油膩的基礎油脂，對於面皰、富貴手等敏感性肌膚具有修護功效，適合用來製作乳液、乳霜等修護保養品。	富含維生素A、B1、B2及蛋白質，親膚性佳，質地溫和，**入皂後能產生保濕柔細的泡沫，適合嬰幼兒肌膚**，也能改善乾燥發癢的敏感肌膚。
酪梨油 Avocado Oil	酪梨油營養價值高，可滲入肌膚深層，適用於**乾性、敏感性肌膚，適合製作潔顏用品，對於淡化黑斑、除皺**都有不錯的功效。	能長效保濕，對肌膚具有深層清潔及柔軟滋潤的效果，可作質地溫和的手工皂，適合嬰兒及**過敏性皮膚的人使用。**
月見草油 Evening Primrose Oil	含有亞麻油酸、維他命、礦物質等護膚成分，**能改善乾癬及濕疹，並防止肌膚老化**，很適合用來製作抗皺煥顏的保養品。	具有消炎的作用，**能改善異位性皮膚炎的敏感肌膚**，用來製作洗髮皂，能解決頭皮發癢的困擾，屬於高單價油脂，建議用量為總油重的10%。
荷荷芭油 Jojoba Oil	荷荷巴油的滲透力極佳，成分類似皮膚的油脂，適合一般及油性肌膚，滋潤及保濕效果佳，能預防皺紋，適合製作臉部精華液或身體乳液。	可深層滋潤肌膚，減輕粉刺引起的皮膚炎，幫助調理油性髮膚的出油狀況，**常應用於洗髮皂，能軟化髮絲、預防分叉，使秀髮烏黑亮麗。**
玫瑰果油 Rosehip Oils	常用來製作抗皺或美白的精華產品，適合老化或乾燥肌膚使用，也能改善妊娠紋，通常與其他基礎油一起調和，建議用量為10%。	具有讓組織再生的功效，有效淡化疤痕、暗沉、青春痘等問題肌膚，保濕效果佳，能促進膠原蛋白增生，使肌膚恢復彈性及活力。
小麥胚芽油 Wheat germ oil	富含維生素E，是一種天然的抗氧化劑，抗氧化特性可使保養品延長保存期，同時含有脂肪酸，可以促進皮膚的再生。	**對於乾裂的肌膚有不錯的滋潤效果，很適合用來製作沐浴皂，除了能滋養肌膚，還可舒緩疲憊的精神。**
榛果油 Hazelnut Oil	榛果油的質地清爽，**延展性及滲透力佳，能深層滋潤活化肌膚**，適合製作乳液、護手霜、護唇膏等產品，有防曬的功效。	**具有優異持久的保濕力**，起泡度較少，適合與小麥胚芽油、甜杏仁油一起搭配使用，滋潤性極優，適合製作冬天用皂。
杏核油 Apricot Kernel Oil	保濕效果強且具有軟化皮膚的功能，**能改善膚色蠟黃或臉部脫皮的現象**，可舒緩緊繃的身體，適合熟齡及過敏的肌膚使用。	質地溫和滋潤，可與甜杏仁油互相替代使用，含有20%的亞麻油酸，適合乾燥、敏感脆弱的**肌膚，能產生具有清爽、蓬鬆感的泡沫。**
胡蘿蔔油 Carrot oil	含豐富的β胡蘿蔔素、維生素BCDE，具有良好的抗氧化及抗自由基功能，**適合製作護膚乳霜，能使肌膚回春，再顯活力。**	適合老化及乾燥的肌膚，有抗發炎的特性，**對於皮膚發癢或濕疹能有效改善，減少結疤**，建議用量為總油量的5%～10%。
琉璃苣籽油 Borage oil	**一般常添加在抗老除皺的保養品中，能幫助肌膚恢復彈性**，具有潤膚的功效，適合用來製作滋潤乳液或晚霜。	滋潤性佳，入皂後能滋養乾性與敏感性的肌膚，賦予肌膚適當的水分，能淨化肌膚、平衡膚質，用於洗髮皂也可使髮絲有光澤。

3 步驟做頂級天然保養品

精油／香精

　　精油是從植物中萃取出來的揮發性芳香成分，不同的精油具備各種不同的特殊療效，有些精油可以改善肌膚狀況，有些精油可以使心情放鬆，是在製作保養品及手工皂中廣泛使用的材料之一，精油的香味不持久，因此你也可以添加喜愛的香精，可以增加香氛，在使用上能增添情趣，大部份的精油或香精的濃度高，因此建議用量約在1%～2%。

名稱	用途
大茴香精油	有較濃的緩和香味以甘草味，有助緩和生產的疼痛、增加母奶等作用。有助排氣。
羅勒精油	有強烈的香味，有抗菌、消炎與止痛的功能，香味可增加記憶力、解除壓力、憂鬱症與頭暈等功能。
薑精油	有助於消散淤血，香味可使感覺敏銳提振精油，使人心情愉悅、適用於疲倦狀態，用量約在1%左右。
肉桂精油	搭配丁香、橙橘類的精油香氣怡人，可減輕焦慮、失眠及壓力引起的頭痛和月經前緊張，有抗發炎及溫和收斂的效果。
乳香精油	屬於強烈香味的精油，有治療氣喘、支氣管炎、免疫力不足與憂鬱症，消除細紋，使皮膚恢復年輕平滑光澤。
佛手柑精油	似柑橘的味道可以安撫神經，可改善青春痘、濕疹、皮膚發炎的問題肌膚。
橙花精油	有淡淡花香，有護膚功能有效改善乾燥皮膚、皺紋及溼疹，適合乾性及油性膚質使用。
天竺葵精油	可平衡油脂分泌，使蒼白肌膚再顯紅潤活力，香味類似玫瑰花香，可撫平焦慮的情緒。
薰衣草精油	能鎮靜安定情緒、淨化心靈，還能治療青春痘、改善面皰、溼疹及乾癬等問題肌膚。
茉莉精油	適合乾燥、過敏及油性肌膚使用，能去除老廢細胞使黯沈的膚色明亮，改善破裂的微血管，還能淡化妊娠紋與疤痕。
玫瑰精油	具有緊實、舒緩、收斂、滋潤作用的特性，對發炎現象很有幫助。香味可平撫情緒、提振心情，舒緩神經緊張。
檸檬精油	香味柔順緩和，適合油性肌膚使用，可改善油脂分泌過多的現象，幫助調理油脂平衡。
香茅精油	屬於強烈香味的精油，可滋潤皮膚、鎮靜與幫助消化作用，對於被跳蚤、蚊蟲或寄生蟲咬傷的皮膚有很好的止癢效果。
薄荷精油	香氣清涼具有提神作用，能使頭腦清晰，改善偏頭及神經緊張，還可幫助柔軟毛細孔，清除黑頭粉刺。
迷迭香精油	帶有清爽的草木味，能使人活力充沛，是提神良藥，可收斂緊緻肌膚，使肌膚恢復彈性。
快樂鼠尾草精油	可抗發炎、緊實肌膚，能保養頭髮，抑制頭皮出油的現象，讓頭髮光滑烏黑，香味可使人放鬆，解除焦慮、壓力的症狀。
茶樹精油	抗菌、殺菌的效果極優，可改善青春痘的肌膚問題、傷口感染的化膿現象，還可治療頭皮屑的現象。

檀香精油	具有保濕作用，對於改善乾性溼疹及老化缺水的皮膚的效果極佳，還可以改善皮膚發癢、發炎的狀況。
百里香精油	適合與薰衣草、柑橘類、松木與迷迭香精油一起調配，香氣怡人，能改善青春痘、濕疹、蚊蟲咬傷、曬傷等現象。
杜松精油	味道很像松樹，不過比胡椒味稍重，是一種辛辣的樹脂香，對於抗油性的粉刺很有效，很適合男性手工皂使用。
絲柏精油	具有安定神經系統作用的功效，可促進血液循環，改善靜脈曲張，關節疼痛，適合面皰及混合油性膚質使用。
香桃木精油	香味可以安撫憤怒的情緒，淨化毛孔，改善粉刺狀況，尤其能驅散淤血，並且改善乾癬問題。

萃取液

　　萃取液就是將植物中的有效成分提煉出來的物質，市面上許多保養品或是面膜都會添加萃取液來增加功效，萃取液與純露不同，純露是在製作精油的時候所產生的副產品，萃取液的功效比較高，常添加於保養品中稀釋使用，而純露性質溫和，可以直接使用於肌膚上。

名稱	用途
洋甘菊萃取液	能改善溼疹、面皰、乾癬及敏感肌膚，增進肌膚彈性，強化肌膚組織，消除浮腫，是極佳的肌膚修護品。
銀杏萃取液	含類黃酮成分，適用於油性肌膚，可促進肌膚血液循環，可用於抗老化產品。
金鏤梅萃取液	可舒緩發炎、鎮定肌膚，加強保濕效果、縮小毛細孔，調節皮脂分泌，使肌膚緊實有彈性。
紫根萃取液	具天然保濕因子，能修護受損敏感肌膚，具有收斂抗菌效果，常被用來治療富貴手及濕疹。
龍膽草萃取液	具有皮膚緊實、收斂、刺激血液循環等作用，可使細胞活化，促進膠原蛋白增生。
蘆薈萃取液	能鎮靜、安撫肌膚，幫助傷口癒合，具有極佳的保溼滋養效果、安撫修護肌膚、調理肌膚至最佳狀態。
常春藤萃取液	具有收斂、緊實肌膚，促進循環代謝及皮膚細胞再生的功能，搭配海藻萃取一起使用可增強抗蜂窩性組織炎
金盞花萃取液	具舒緩功效、收斂功能，平衡肌膚PH值，調整油脂分泌，捕捉自由基，使肌膚健康。
山金車萃取液	能預防肌膚老化，加速血液循環，改善浮腫及黑眼圈的現象，常用來製作眼霜產品或是精華乳液。
甘草萃取液	能改善細紋增生，柔軟及嫩白肌膚，具高度的滋潤保水效果，使用後能讓肌膚白裡透紅。
海藻萃取液	能細緻毛孔、活化細胞，預防肌膚老化、回復肌膚的彈性與活力。排除體內多餘水份，緊實肌膚。

3 步驟做頂級天然保養品

≫ 水的選擇

　　水是製作保養品的最重要的原料之一，不建議使用自來水或是開水，因為含有不確定的雜質及礦物質，做出的保養品性質較不穩定，容易酸敗，所以建議使用純水或蒸餾水來製作保養品，在一般超市或大賣場都可以取得，你也可以使用純露來製作，除了能保留原本純露的植物精華，製作出的保養品可擁有一股迷人的香氣，如果你是敏感性肌膚你可以選擇洋甘菊純露，能鎮定保濕，一般性肌膚可以選擇薰衣草純露，而乾性或熟齡肌膚可以選擇玫瑰純露、茉莉純露來加強修護；油性肌膚可以選擇迷迭香純露、茶樹純露來平衡油脂的分泌。

≫ 抗菌劑的使用

　　市面上的保養護膚產品會添加抗菌劑，所以保存期限會在12個月～3年不等，本書的保養品配方強調純天然，沒有添加任何化學物質及增稠劑，所以在保存期限上建議於7天內使用完畢，如果放在冰箱冷藏，保存期限可以延長至3個月，另外像護唇膏之類的產品，因為有添加蜂蠟或蜜蠟，所以保存期限可以拉長至半年，如果你希望保養品可以長期保存，那麼你也可以至化工行購買抗菌劑，依照上面的用量添加，即可延長保養品的保存期限。

需要那些工具呢？

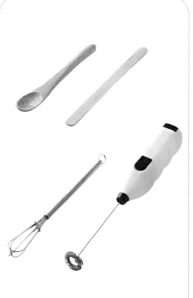

●**不鏽鋼杯、鍋子**　配方中若有植物油需要先隔水加熱時，可以先倒進不鏽鋼杯，再放在裝有熱水的鍋中以方便加熱油脂。

●**電子秤**　用來秤量製作保養品所需的油脂及材料，選擇最小測量單位為0.1g的電子秤，或用一般的電子秤也可以。

●**大、小量杯**　大量杯可以用來攪拌保養品或是裝量材料，小量杯可以測量少量的材料如油脂、精油或乳化劑等。

●**攪拌工具**　用來攪拌混合保養品，小型打奶泡器可以縮短攪拌時間，在大賣場都可買到，可加速攪拌時間，或是到便利商店免費索取木製攪拌棒，省錢又方便。

●**瓶瓶罐罐**　用來盛裝製作好的保養品，可至瓶罐專賣店購買，建議選擇玻璃材質的容器，對保養品的保存比較穩定，看起來也很美觀。

PART 2

三步驟
做頂級保養品
step by step

你是否花錢購買了許多名牌保養品，
使用後肌膚氣色仍然暗沉無光？
本單元收錄九大系列的保養品配方，
只要3步驟＋簡單材料，
就能調出專櫃保養品的自然香味及天然保養品，
讓生活遠離化學藥劑的負擔，
徹底實踐自然樂活的新觀念。

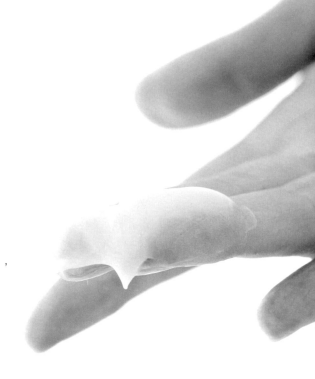

Deep Cleansing Oil

卸妝油

清潔是保養的第一步

[卸妝油＝植物油＋卸妝油乳化劑]

只要選擇適合自己膚質的油脂，加上適量的乳化劑，就可以做出媲美專櫃級的卸妝油。**天然的植物油或家庭食用油、調和油都可以用來製作卸妝油**，因為油水不相溶，所以我們加入乳化劑使油脂與水能夠混合在一起。

一般而言，**油脂與乳化劑的比例大約為9：1或8：2**，比方說：要製作100ml的橄欖油卸妝油時，橄欖油的用量是100×90%=90ml，而乳化劑的用量則為100×10%=10ml。若在一般常溫下置於陰涼乾燥處存放，可以保存半年的時間。

使用方式

1　在雙手及臉部乾燥的情況下，取適量的卸妝油在掌心上（約按壓3次的量）。
2　在肌膚上以指尖畫螺旋狀的方式推開，輕輕的按摩臉部約1分鐘，讓油脂將臉上的髒汙及妝容帶走。
3　使用些許溫水再稍加按摩，你會發現卸妝油變成白色乳狀的液體，這就是所謂的「乳化」，裡面含有微量的泡沫，可以將髒汙帶走。
4　用大量的清水沖洗乾淨，後續接著再使用洗臉清潔用品。

Note

• 如何分辨卸妝油已混合均勻呢？

將卸妝油搖晃約一分鐘後，可先靜置五分鐘，觀察有沒有油水分離的現象，如有油水分離的現象，請繼續搖晃至二者完全融合後再使用。

3 步驟做卸妝油
Step by Step

1 → 倒入油脂
依配方將測量好的油脂倒入喜愛的瓶罐裡。

2 → 滴乳化劑
接著將適量的乳化劑倒入油脂中。

3 → 均勻搖晃
將蓋子蓋上，不停的搖晃約1分鐘，使乳化劑與油脂充分混合，搖至均勻即完成，可以馬上使用。

Safflower Oil

卸淨彩妝‧再現舒適感

紅花
抗敏感按摩
卸妝油

紅花油含有豐富的蛋白質、礦物質和維他命，做成卸妝油後可以卸淨全臉及眼唇的彩妝，去除老廢的角質，輕輕按摩臉部，**天然的紅花營養成分很容易被毛孔吸收，增加皮膚光澤彈性，**加上容易清洗，不會殘留在肌膚上造成負擔，所以非常適合易敏感膚質者使用。

 配方 紅花油90ml、T60乳化劑10ml。

Memo

適用膚質：一般、敏感性膚質
成本：約146元／100ml
保存期限：約半年。
保存方法：置於陰涼乾燥處存放。

N o t e

• 沒有化妝也要卸妝嗎？

一整天下來，肌膚長時間曝露在空氣中，毛孔中也會吸收許多髒汙及細菌，因此也是需要卸妝的喔！所以不管有沒有上妝，平時都一定要養成卸妝的好習慣，清潔是保養肌膚最重要的第一步，當你回家後，請先使用卸妝產品卸除肌膚毛孔的髒汙，接著使用洗臉產品，後續擦上的保養品才會真正被肌膚吸收喔！

3 步驟 ▶ ▶ ▶ 做卸妝油
S t e p   b y   S t e p

1 → **倒入油脂**
將90ml紅花油倒入喜愛的瓶罐裡。

2 → **滴乳化劑**
再將10ml的T60乳化劑倒入油脂中。

3 → **均勻搖晃**
將蓋子蓋上，搖晃約一分鐘，搖至均勻沒有油水分離的樣子時即完成，可以馬上使用。

▲ 即使沒有化妝，毛孔也會吸收許多髒汙，因此請確實使用卸妝產品喔！

預防細紋．再現肌膚彈性

葡萄籽清爽保溼卸妝油

葡萄籽油的滲透力佳，富含維生素F，可以增加肌膚的保水能力，**同時滋潤及柔軟皮脂層**，**質地輕爽不油膩**，且具有抗氧化功能，養分容易被肌膚吸收，增加肌膚的彈性，還可以避免皮膚鬆弛，**預防黑色素沉澱**，如果你是屬於乾性肌膚，可以用橄欖油來替代，給予肌膚更多的滋潤及修護。

 配方 葡萄籽油70ml、T20乳化劑30ml

N o t e

•食用油可以用來做卸妝油嗎？

沒錯，各種的食用油都可以用來製作卸妝油，橄欖油、葡萄籽油等，只要依照每種油脂的特性，選擇適合自己膚質的油脂，就可以輕鬆做出簡單、便宜又好用的卸妝油。

▶自製卸妝油，油品可以直接在超市購買，非常方便。

3 步驟 ▶▶▶ 做卸妝油
S t e p　b y　S t e p

 1 → **倒入瓶中**
選擇按壓式的瓶子，將70ml葡萄籽油倒入瓶中。

 2 → **加乳化劑**
將30ml的T20乳化劑用量杯量好後倒入。

 3 → **不停搖勻**
將蓋子蓋緊後，不停的搖晃約一分鐘，搖至沒有油水分離的狀況後即完成，可以馬上使用進行卸妝。

潔膚聖品・促進細胞生長

山茶花抗氧化潔膚油

山茶花油就是俗稱的「椿油」，是日本自古以來的保養聖品，除了用來製作洗髮、護髮產品的功效大受好評之外，也可以用來製作卸妝油，**能徹底清除臉部髒污**，山茶花油具有高抗氧物質，**有殺菌、促進細胞生長**，調整皮脂分泌三大作用，非常適合敏感性肌膚，異位性皮膚炎及痘痘肌的人使用。

 配方　山茶花油90ml、T80乳化劑10ml

3 步驟 ▶▶▶ 做卸妝油
Step by Step

① → **秤量植物油**
依照配方將90ml的山茶花油測量好後，倒入透明的瓶罐中。

② → **測量乳化劑**
測量10ml的T80乳化劑，將乳化劑倒入油中。

③ → **不停的搖晃**
將瓶罐的蓋子蓋緊後，上下不停的搖晃，搖至均勻沒有油水分離的樣子時即完成。

N o t e

• 增添精油・功效&清潔力加分

卸妝油也可以加入精油，除了增加淡淡的香氣，還可以提昇卸妝油的功效，例如：茶樹精油、山雞椒精油及雪松精油可以幫助抗痘殺菌，甜橙精油及檸檬精油可以在卸妝的同時幫助肌膚美白，而玫瑰草精油及花梨木精油可以加強保濕，滋養乾燥肌膚，用量約為總油量的1%～2%。

抗痘殺菌 · 肌膚自然更新

抗痘殺菌 · 肌膚自然更新

茶樹溫和抗痘潔顏油

Memo	
適用膚質：一般、乾性痘痘肌膚	
成本：約50元／100ml	
保存期限：約半年。	
保存方法：置於陰涼乾燥處存放。	

這一款卸妝油很適合容易長面皰、紅腫痘痘的人使用，對於油性肌膚的人也很適合，能平衡皮脂分泌，使肌膚更顯透皙亮麗，蘆薈油屬於清爽的油脂，具有滋潤保濕的功效，**可以抑制皮膚表面的細菌，使皮膚自然更新，更加緊緻柔滑**，蘆薈油在手工材料行很容易購買，價格也很平實，搭配茶樹精油，可以抗發炎殺菌，抑制痘痘生長。

配方
蘆薈油90ml
T60乳化劑10ml
茶樹精油1ml

▲蘆薈油質地清爽，價格也很平實。

3 步驟 ▶▶▶ 做卸妝油
Step by Step

1 → 加入油脂和精油
依照配方將蘆薈油、茶樹精油的份量測量完成後，倒入喜愛的瓶子裡。

2 → 倒乳化劑
準確測量10ml的T60乳化劑後，將乳化劑倒入小量杯，再將乳化劑倒進瓶子裡。

3 → 搖晃一分鐘
將蓋子蓋上搖晃約一分鐘，一直搖到沒有油水分離的樣子時即完成，可以馬上使用進行卸妝的動作。

深層保濕・洗感清爽舒適

乾性、敏感型
淨透卸妝油

Memo

適用膚質：乾性、敏感性肌膚	
成本：約50元／100ml	
保存期限：約半年。	
保存方法：置於陰涼乾燥處存放。	

酪梨油的營養價值相當高，適用於乾性、敏感性、缺乏水分的肌膚，除了能潔膚，還有卸妝的功效，**深入肌膚底層清潔的效果佳，可以促進新陳代謝、淡化黑斑及皺紋**，酪梨油質地滋潤，塗抹在臉上畫圓按摩後，用溫水就很容易清洗乾淨，完全不會有油膩的感覺殘留，是一款很不錯卸妝聖品。

3 步驟 ▶ ▶ ▶ 做卸妝油
Step by Step

配方 酪梨油90ml
T80乳化劑 10ml

1 → **倒入植物油**
將酪梨油測量完成後倒入瓶中，建議選擇透明瓶子，不僅美觀且可以清楚看見混合狀況。

2 → **測量乳化劑**
再將10ml的T80乳化劑倒入瓶子裡，與酪梨油混合。

3 → **蓋上蓋子搖晃**
將蓋子蓋緊後，不停搖晃約一分鐘，讓油脂與乳化劑能均勻混合，搖至沒有油水分離的狀況時即可以使用。

▲酪梨油能深度滋潤，加強保濕度。

Facial Cleansing Mousse

潔面慕絲

細緻泡泡洗出漂亮好膚質

[潔面慕絲＝起泡劑＋油脂＋純水（純露）]

起泡劑可以結合油脂及純水而產生泡沫，倒進慕絲瓶中，就變成泡泡豐潤的潔面慕絲，慕絲擁有綿密細柔的泡沫，可以徹底清除臉上的油脂及污垢，植物型起泡劑除了具有起泡、清潔作用之外，還可提升產品的溫和度，有適度的卸妝效果，因此也常用於卸妝產品中。

油性肌膚或男性可以使用椰子油起泡劑，清潔力較高；胺基酸起泡劑由蔗糖所提鍊，適合一般及敏感或受損性肌膚使用，可以搭配甘油或萃取液來增加產品的保濕度及功效，用量約為總油重的15%～20%，用量不宜過高，以免對肌膚造成刺激而產生不適感，也可以用純露來替代純水，能達到雙重功效，用量約為總油重的30%。

使用方式

1 取適量慕絲（約按壓2～3次的量）置於掌心，以畫圓方式輕輕按摩於微濕臉龐，不要太用力的搓揉，很容易傷害肌膚，按摩約2分鐘後，用溫冷水沖洗乾淨。

2 不要用太熱的水沖洗，熱水溫度過高，很容易將肌膚表皮的油脂防護膜洗掉，肌膚反而容易乾燥緊繃，長期下來容易增生皺紋。

▲切勿用高溫的熱水來洗臉，會使你的臉部皺紋提早到來喔！

3 步驟做潔面慕絲
Step by Step

1 **→ 倒入材料**

將所有材料，如起泡劑、油脂、純水或純露、精油用量杯測量好後，慢慢倒入慕絲瓶中。

2 **→ 均勻搖晃**

將瓶蓋鎖緊後不停的搖晃約2分鐘，讓起泡劑及油脂能完全融合在一起。

3 **→ 觀察油水分離**

靜置1分鐘，如果有油水分離的現象，需再不停的搖晃，完全混合後即可馬上使用。

Juniper Branch Mousse

充分保濕・調節淨化肌膚

野杜松
水潤洗顏
泡泡

野杜松是普羅旺斯常見的野生灌木，具有森林感舒暢的香味，可調節淨化肌膚，很適合用來製作潔顏產品，除了**清潔調理**，還具備殺菌的功能，**如果你容易長痘痘，可以改善粉刺、毛孔阻塞的現象**，使紅腫膿皰的情況改善，對於皮膚炎也具有不錯的療效，甘油具有極佳的保濕能力，在清潔肌膚的同時，也可以給予肌膚水分。

Memo	
適用膚質：痘痘、敏感性肌膚	
成本：約70元／100ml	
保存期限：請於7天內使用完畢，如置於冰箱冷藏最多可保存三個月	
保存方法：置於陰涼乾燥處存放。	

 配方 胺基酸起泡劑20ml、紅花油30ml、甘油10ml、純水35ml、野杜松精油10滴

3 步驟 ▶▶▶ 做潔面慕絲
Step by Step

1 → **秤量材料**
選擇一個慕絲瓶，將材料測量完全後，陸續倒入瓶子中。

2 → **不停的搖晃**
將慕絲瓶蓋鎖緊後，不停的上下搖晃約2分鐘，讓起泡劑及油脂能完全混合。

3 → **完全混合**
搖晃後靜置1分鐘，觀察是否有油水分離的現象，完全混合後即可進行潔顏的動作。

Note

• 純露代替純水，功效加倍

除了純水，你也可以用純露來替代純水製作保養品，純露是指精油在蒸餾萃取過程中留下來的水，又稱為「晶露」，它含有溶於水的植物及精油精華，性質溫和可以單獨使用，也可以和精油混合後使用，是非常的天然化粧水及保濕劑。

美肌小撇步
1 純露能做為保濕化妝水，於每日清潔肌膚後使用。
2 可用面膜紙浸濕後敷臉以調理肌膚。
3 能搭配基礎油和精油來製作乳霜、乳液或清潔產品。
4 日曬後可用冰過的純露冷敷，可舒緩肌膚曝曬過後的刺痛感。

Memo

適用膚質：	老化、敏感性肌膚
成本：	約90元／100ml
保存期限：	請於7天內使用完畢，如置於冰箱冷藏最多可保存三個月
保存方法：	置於陰涼乾燥處存放。

抵抗老化 · 重現光采煥容

月見草
青春雪白慕絲

這款潔顏產品使用弱酸性起泡劑來製作潔顏慕絲，質地溫和，很適合油性、敏感型及熟齡肌膚使用，玫瑰純露具有**舒緩美白的功效，能使肌膚靚白有彈性**，搭配能抵抗老化、重建肌膚細胞的月見草油，可以**消除細紋，促進血液循環，預防皺紋持續增生**，洋甘菊精油可以改善過敏肌膚，溫和舒緩，在短時間內能讓肌膚煥發光采及活力。

配方

玫瑰純露40ml
弱酸性起泡劑40 ml
甘油10ml
月見草油10ml
洋甘菊精油10滴

3 步驟 ▶▶▶ 做潔面慕絲
Step by Step

(1) → **倒入所有材料**

將配方中的玫瑰純露、弱酸性起泡劑、甘油、月見草油、精油的份量測量好，一一倒入乾淨的慕絲瓶裡。

(2) → **蓋上混合**

將瓶蓋鎖緊後不停的搖晃約2分鐘，讓起泡劑及油脂能完全融合在一起。

(3) → **觀察油水分離**

靜置1分鐘，如果有油水分離的現象，需再不停的搖晃，完全混合後即可馬上使用。

濃妝必備・肌膚柔細不緊繃

杏核油
濃妝淨潔慕斯

杏核油的保濕效果極優且有軟化角質層的功能，**可以改善膚色蠟黃或容易脫皮的現象**，對虛弱的皮膚很有助益，可舒緩緊繃的情緒，油感細緻、清爽，扮演的角色與甜杏仁油類似，應用上是可以替代使用的，搭配起泡劑後能產生蓬鬆、細緻的泡泡，不需用力搓揉，**輕輕的按摩臉部，就能讓臉部彩妝浮出，輕鬆卸除眼部的殘妝**，不會有油膩殘留的不適感。

3 步驟 ▶▶▶ 做潔面慕絲
Step by Step

配方

① → 測量油脂及乳化劑
選擇一個100ml的慕絲瓶，將椰子油起泡劑、杏核油依照配方準確測量後，慢慢倒入瓶中。

② → 不停的搖晃
將慕絲瓶蓋鎖緊後，上下搖晃約2分鐘，讓油脂能和乳化劑充分混合。

③ → 完成使用
將慕絲瓶靜置1分鐘，觀察是否有油水分離的現象，若完全混合後即可開始使用，進行洗臉的動作。

椰子油起泡劑30ml
杏核油70ml

▲ 每天至少洗臉 2 次，使肌膚常保健康美麗。

油性肌最愛 · 收斂並改善痘痘
檸檬
控油潔顏泡泡

如果你滿臉油光，臉部總是油油亮亮的，那麼你可以試試看這一款檸檬控油潔顏泡泡，薰衣草純露可以平衡油脂分泌，搭配檸檬精油可收斂縮小毛細孔，**使臉部的出油量減低，還能改善輕微的面皰及痘痘粉刺**，葡萄籽油可以讓泡泡細緻豐潤，洗淨後十分清爽，搭配洗臉海綿一起按摩有去角質的功效，能廢除老死的細胞，使黯沈的膚色明亮。

配方
薰衣草純露40ml
弱酸性起泡劑40 ml
甘油10ml
葡萄籽油10ml
檸檬精油10滴

▲ 搭配洗臉海綿使用，具有清潔及去角質的雙重效果喔！

3 步驟 ▶▶▶ 做潔面慕絲
Step by Step

1 → 倒入油脂等材料
將配方中的薰衣草純露、弱酸性起泡劑、甘油、葡萄籽油、檸檬精油測量完全後，慢慢倒入慕絲瓶中。

2 → 鎖緊蓋子混合
記得先將瓶蓋完全鎖緊，就可以開始搖晃，搖晃的方向上下左右都可以，讓起泡劑及油脂能充分融合。

3 → 觀察是否分離
靜置1分鐘，觀察是否有油水分離的現象，如有分離現象需再不停的搖晃，至完全混合後即可馬上使用。

淡斑活膚‧高效極緻美白

蠟菊
煥白潔面慕絲

Memo

| 適用膚質：一般、熟齡肌膚 |
| 成本：約358元／100ml |
| 保存期限：請於7天內使用完畢，如置於冰箱冷藏最多可保存三個月。 |
| 保存方法：置於陰涼乾燥處存放。 |

專櫃級的洗顏產品也可以自己動手作！蠟菊精油具有極優的美白功效，能讓肌膚更加明亮、柔潤，延緩肌膚老化現象，**搭配白芷純露可以淡斑、柔化肌膚，深層潔淨臉部的髒污**，荷荷芭油及甘油則可以幫助肌膚高效保濕，雖然蠟菊精油會比一般精油稍微昂貴一些，但製作成本還是**比市售的洗顏產品價格降低了許多**，因此不用花太多金錢，在家也可以享受專櫃級保養品的呵護。

3 步驟 ▶▶▶ 做潔面慕絲
Step by Step

1 → **秤量所有材料**
依照配方的份量，將白芷純露、弱酸性起泡劑、甘油、荷荷芭油、蠟菊精油測量後，小心陸續倒入慕絲瓶中。

2 → **上下左右搖晃**
為了讓起泡劑及油脂能完全融合在一起，需先將瓶蓋鎖緊後，不停的上下左右搖晃約2分鐘。

3 → **靜置觀察**
將慕絲瓶靜置約1分鐘，觀察有沒有油水分離的現象，如果有代表未充分混合，需再不停搖晃至完全融合後，即可以馬上使用。

配方

白芷純露 40ml
弱酸性起泡劑 40ml
甘油 10ml
荷荷芭油 10ml
蠟菊精油 10滴

▲ 用蠟菊煥白慕絲潔顏，能再現美白柔嫩肌膚喔！

Moistuer Lotion

活膚乳液

水 感 滑 順
彈 指 間 再 現 滑 嫩 肌

[活膚乳液＝植物油＋冷製型乳化劑 ＋純水（冷）＋萃取液／精油]

肌膚的老化不只是年齡的問題，日常生活中不管是熬夜、飲食習慣、壓力，或是每天的日曬，都是造成肌膚日漸老化、鬆弛的因素，因此預防肌膚衰老的功課不分年齡，不分男女，**只要加以保養就可以延緩肌膚的老化**，你可以在家自製活膚乳液，常保肌膚年輕青春。

活膚乳液是以「冷製法」來製作，由於乳液是屬於全面性，適合全身塗抹，質地不宜太過油膩，所以在純水的份量上會增加至二倍，擦起來比較水感清爽，另外可以再添加精油或是萃取液，提昇功效及香味，**一年四季都可以使用，不論是沐浴後**，或是覺得肌膚乾燥，隨時隨地都可以塗抹於臉部或**是身體肌膚**，給予全面的呵護。

使用方式

臉部清潔或是沐浴後，可先擦些許化妝水，取適量乳液抹塗於臉部或身體，並輕輕按摩肌膚，刺激穴道，促進血液循環，使乳液完全被皮膚吸收，就像做一場肌膚按摩SPA。

▲ 每天沐浴後潔顏後，擦上活膚乳液，是護膚的最佳時機。

3 步驟做活膚乳液
Step by Step

1 → 倒入材料

依序將配方中的材料，如：植物油、純水、簡易乳化劑、萃取液或精油，測量完全後倒入量杯，或是倒入瓶罐裡。

2 → 均勻攪拌

不停攪拌約一分鐘，至質地像「粥」的濃稠狀就可以了，如果是倒入罐子裡，蓋上蓋子不停搖晃至聽不到水聲即可。

3 → 裝瓶搖晃

將製作好的乳液倒入瓶中，裝瓶後再稍微搖晃使其更加均勻，可以馬上使用。

Pancy Body Lotion

安撫調理 · 舒緩過敏現象

紫羅蘭
活顏緊緻
身體乳

三色紫羅蘭萃取液具有極佳的護膚效果，常用來製作護膚保養產品，如：身體乳液、化妝水、或保濕面膜，搭配銀杏萃取液，**可以調節油脂分泌，平衡肌膚的PH值，很適合油性肌膚使用，**牛膝草精油帶有暖暖的草藥

香味，能極緻調理敏感肌膚，舒緩並降低過敏的現象，幫助肌膚修復，使皮膚擁有皙嫩柔滑的觸感。

 米糠油10ml、小麥胚芽油4滴、純水90ml、牛膝草精油6滴、簡易乳化劑10滴、銀杏萃取液5ml、三色紫羅蘭萃取液10ml

3 步驟 ▶▶▶ 做活膚乳液
Step by Step

 1 → 秤量所有材料
將配方中的米糠油、小麥胚芽油、純水、牛膝草精油、簡易乳化劑 、銀杏萃取液、三色紫蘿蘭萃取液，測量完全後倒入瓶罐中。

 2 → 混合攪拌
蓋上蓋子不停的搖晃，讓油脂等材料和乳化完全融合，搖晃至聽不到水聲的狀態即可以停止。

 3 → 搭配攪拌棒
打開蓋子使用攪拌棒，攪拌瓶子內部，讓邊緣的乳液也可以充分混合，攪拌至質地濃稠後，即可以馬上使用。

Memo

適用膚質	乾燥、敏感性肌膚
成本	約53元／100ml
保存期限	請於7天內使用完畢，如置於冰箱冷藏最多可保存三個月
保存方法	置於陰涼乾燥處存放。

N o t e

• 使用電動攪拌器的小技巧

在攪拌保養品時，可以使用小型的電動攪拌器，一般是用來打奶泡的，用來攪拌乳液或乳霜時，可以使乳液質地更綿密細緻，也可以縮短攪拌時間，如果直接用手工打會花比較多一點的時間，因此在製作保養品時，小型的電動攪拌器是一個很不錯的幫手。
攪拌時注意將攪拌器直立的放入鋼杯或量杯的底部攪拌，不要拿的過高或傾斜，保養品很容易飛濺噴出。

◀ 攪拌器應直立的放置於鋼杯底部攪拌。

◀ 不要傾斜攪拌器，保養品容易飛賤噴出。

質純溫和・改善過敏肌膚

月見草油
抗敏感潤膚乳

月見草油含有丙種亞麻油酸、維他命、礦物質等，只需要一點點就有相當不錯的功效，屬於高單價的油品，能**給予逐漸老化的肌膚充分的營養**，深入改善問題肌膚，經常使用，可以改善異位性皮膚炎的困擾，搭配金盞花及洋甘菊萃取液，質地溫和，適合熟齡、敏感肌膚的人使用，**能使肌膚恢復活力**，提振新陳代謝 。

配方

月見草油10ml
小麥胚芽油4滴
純水90ml
洋甘菊精油8滴
簡易乳化劑10滴
金盞花萃取液10ml
洋甘菊萃取液5ml

3 步驟 ▶▶▶ 做活膚乳液
Step by Step

1 → **倒入油脂**
依序將月見草油、小麥胚芽油、純水、洋甘菊精油、簡易乳化劑 、金盞花萃取液、洋甘菊萃取液，全部測量完全後倒入量杯中。

2 → **使用電動攪拌器**
用電動攪拌器不停攪拌約一分鐘，攪拌時要直立的放進量杯底部，以免保養品到處飛濺，攪拌至質地像「粥」的濃稠狀態就可以了。

3 → **慢慢倒入**
將製作好的乳液倒入瓶中，裝瓶後再稍微搖晃使乳液能更加均勻，使用前記的先在手臂內側做敏感測試，若無紅腫癢的情況即可塗抹於身體。

香氣芬芳・淨化舒緩心情

香桃木
淡雅身體乳液

Memo

| 適用膚質：一般、敏感性肌膚 |
| 成本：約66元／100ml |
| 保存期限：請於7天內使用完畢，如置於冰箱冷藏最多可保存三個月。 |
| 保存方法：置於陰涼乾燥處存放。 |

香桃木的氣味溫和不刺鼻，擦上身體會聞到淡淡的清香，可以安撫不安的心情，你可以搭配檸檬、花梨木、迷迭香精油一起使用，香味更宜人，具有抗菌和收斂的特性，**能淨化阻塞的毛孔及消除粉刺**，身體有時會有一些小瘀青，**塗抹後有驅散瘀血的效果**，如果你的肌膚有乾癬或是皮膚乾燥脫屑的現象，也可以有效的改善。

3 步驟▶▶▶做活膚乳液
S t e p   b y   S t e p

1 → 測量所有材料

將配方中的蘆薈油、荷荷芭油、小麥胚芽油、純水、簡易乳化劑 、香桃木精油，全部測量完全後倒入量杯中，或是倒入喜愛的瓶罐裡。

2 → 不停的攪拌

用電動打奶泡器攪拌乳液，如果是倒入罐子裡，將瓶蓋鎖緊後，不停的上下搖晃，均勻混合至質地像「粥」的濃稠狀態即可。

3 → 倒入裝瓶

將乳液倒入瓶子中，稍微搖晃使其更加均勻，即可馬上使用，平時可以冷藏於冰箱，夏天使用更有清涼水感。

配方

蘆薈油5ml
荷荷芭油5ml
小麥胚芽油4滴
純水90ml
簡易乳化劑10滴
香桃木精油8滴

滋潤保濕・膚觸清爽不黏膩

辣木油
滋潤身體乳液

Memo	
適用膚質：一般、乾燥問題性肌膚	
成本：約70元／100ml	
保存期限：請於7天內使用完畢，如置於冰箱冷藏最多可保存三個月	
保存方法：置於陰涼乾燥處存放。	

市面上很常見到使用辣木油為材料的保養產品，**辣木油帶有清新的花香味，具有持久香氛**，你也可以自製辣木油身體乳液，辣木油含有天然的維他命，營養成分極高，能深層滋潤，防止肌膚留失水分，**塗抹起來不黏膩，留下乾淨的膚觸**，特別能改善極乾燥的皮膚，搭配鼠尾草精油，可以促進細胞再生。

配方

辣木油10ml
小麥胚芽油4滴
純水90ml
簡易乳化劑
鼠尾草精油8滴

3 步驟 ▶▶▶ 做活膚乳液
Step by Step

1 → 倒入材料

依序將辣木油、小麥胚芽油、純水、簡易乳化劑、　鼠尾草精油，全部測量完全後倒入量杯中，或是倒入喜愛的瓶罐裡。

2 → 均勻攪拌

用電動攪拌器不停攪拌約一分鐘，攪拌至質地像「粥」的濃稠狀態就可以了，如果是倒入罐子裡，只要蓋上蓋子不停的搖晃至聽不到水聲即可停止。

3 → 裝瓶搖晃

將製作好的乳液倒入瓶中，裝瓶後再稍微搖晃使其更加均勻，可以馬上使用。

消炎鎮靜‧平衡油性肌膚

聖約翰草油調理活膚乳液

聖約翰草油擁有很好的鎮靜效果，擁有極佳的消炎療癒力，這款活膚乳液臉部和身體都可以塗抹使用，不僅**能強化肌膚的血液循環**，**回復原有的彈性光澤**，搭配岩蘭草精油及艾草精油可以活化紅血球，調理粉刺以及平衡油性肌膚，聖約翰草油呈橘黃色，因此做出來的乳液也是呈現自然的橘黃色。

3 步驟 ▶▶▶ 做活膚乳液
Step by Step

 配方
聖約翰草油10ml
小麥胚芽油4滴
純水90ml
岩蘭草精油6滴
艾草精油6滴
簡易乳化劑10滴
銀杏萃取液5ml

1 → **倒入材料**
依將配方中的聖約翰草油、小麥胚芽油、純水、艾草精油、簡易乳化劑 測量完全後倒入100ml的瓶子裡。

2 → **倒入精油**
接著倒入岩蘭草精油、銀杏萃取液，建議建議選擇透明的瓶罐，可以清楚看見混合的狀態。

3 → **上下不停搖晃**
接著蓋緊瓶蓋，不停的上下左右搖晃，使植物油等材料與乳化劑可以完全混合在一起，搖晃至濃稠無油水分離狀態時即完成。

41

護手霜

老 手 回 春
讓雙手看不見年齡的秘密

[護手霜＝植物油＋熱製型乳化劑＋純水（熱）＋萃取液／精油]

雙手是最容易看出年齡的部位，隨著年齡的增長，雙手會漸漸產生乾燥、粗糙、皺紋的現象，因此手部的保養也是很重要的，**你可以自己調配出香味宜人及具有療癒功效的護手霜**，裝在喜愛的瓶子裡，隨處放在家中的每個地方，包包或是公司，在做完家事、洗手後隨時給予修護，讓雙手再顯回春。

護手霜是全程使用「熱製法」來製作而成，乳霜的質地滋潤，能深層呵護肌膚，可以選擇荷荷芭油、橄欖油、乳油木果脂等親膚性佳且滋潤的油脂，**另外添加少許的天然防腐劑－蜂蠟或小麥胚芽油**，來延長護手霜的保存期限，在製作時，因為精油不耐高溫，要注意精油不能在油脂加熱的過程加入，以免養分被破壞。

使用方式

每天早晚或是洗手後、家事後，依個人習慣取適量於手心（約50元硬幣），均勻塗抹按摩雙手約1～2個小時塗抹一次，隨時補充滋養。

Note

• 製作護手霜的小技巧

配方中有乳油木果脂等固態油脂，需隔水加熱至完全融化，若配方中皆是軟油，則將油脂隔水加熱至70℃～80℃即可，最後分別加入萃取液或精油時，要均勻攪拌約1分鐘，使萃取液或精油能夠充分混合。

3 步驟做護手霜
Step by Step

1 → 加熱油脂

將植物油、熱製型乳化劑（天然植物乳化劑）放入不鏽鋼杯中隔水加熱至完全融解。

2 → 倒入熱純水

將純水加熱後倒入油脂中不停攪拌，攪拌至呈現鮮奶油狀後即可，靜置約1分鐘，讓溫度稍微降低。

3 → 加入添加物

分別加入萃取液或精油，並攪拌均勻使乳霜越來越濃稠，將攪拌棒挖起護手霜，乳霜不會流動落下時即可以裝瓶使用。

改善龜裂・打造柔嫩玉手

橄欖
防乾裂
美指霜

橄欖油的營養價植極高，油中的脂肪酸、多酚類和營養素也最為豐富，對女性來説，是非常好的抗氧化物質，可以消除臉部皺紋之外，還能防止肌膚衰老的現象，用來製作護手霜最適合不過了，質地非常滋潤，**能護理手足防止龜裂**，改善指緣的乾皮現象，天竺葵精油可以促進細胞新陳代謝、讓雙手的肌膚恢復緊實與彈性。

Memo	
適用膚質：一般、乾燥脫皮肌膚	
成本：約76元／65ml	
保存期限：請於7天內使用完畢，如置於冰箱冷藏最多可保存三個月	
保存方法：置於陰涼乾燥處存放。	

配方 Extra Virgin橄欖油10ml、乳油木果脂 5g、有機綠蜂蠟1g、小麥胚芽油4滴、天然植物乳化劑5g、純水（熱）45ml、蠟菊精油5滴、天竺葵精油5滴

3 步驟 ▶▶▶ 做護手霜
Step by Step

1 → 隔水加熱油脂
準備一個不鏽鋼杯，將橄欖油、乳油木果脂、有機綠蜂蠟、小麥胚芽油、天然植物乳化劑依照配方的份量放入不鏽鋼杯中，隔水加熱至所有材料完全融化。

2 → 倒入熱純水
將純水加熱至70℃～80℃後，把純水慢慢邊倒入不鏽鋼杯中與油脂混合，用電動攪拌器攪拌約3分鐘，攪拌呈現鮮奶油狀後停止，這時靜置約1分鐘，讓溫度稍微降低。

3 → 加入添加物
若於高溫加入精油，會破壞精油的營養成分，待溫度降至40℃～50℃時，再加入蠟菊精油及天竺葵精油，稍微攪拌至質地濃稠不會落下時即完成。

N o t e

• 使用精油的小技巧

這一款護手霜添加了蠟菊精油，帶有天然的草本氣息，因為蠟菊精油較昂貴，所以在製作上可能會添加一些成本，但卻會有相當不錯的療效，你也可以用薰衣草精油、迷迭香精油、甜茴香精油等有修復、收斂功效的精油來取代蠟菊精油，製作出的護手霜也能散發出淡淡的自然草本香氛。

滋養柔順・肌膚保濕嫩白

洋甘菊
柔滑嫩膚霜

這款護手霜添加了非常溫和的洋甘菊精油，有保濕美白、安定肌膚的功效，**是一款很經典的護手產品**，任何肌膚都適合使用，還可以預防過敏，使膚質柔化增加彈性，擦起來滋潤但不會黏膩，**養分能迅速滲透肌膚裡層，擁有一雙滑滑嫩嫩的雙手**，可長時間保留肌膚滋養不乾燥。

配方

酸渣樹油5ml
琉璃苣籽油5ml
乳油木果脂5g
有機蜂蠟1g
小麥胚芽油4滴
天然植物乳化劑5g
純水（熱）45ml
洋甘菊精油 10滴

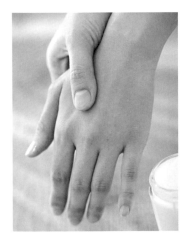

3 步驟 ▶ ▶ ▶ 做護手霜
Step by Step

1 → **秤量材料**

依照配方，準確測量酸渣樹油、琉璃苣籽油、乳油木果脂、有機蜂蠟、小麥胚芽油、天然植物乳化劑的份量後，一一慢慢倒入不鏽鋼杯中，並隔水加熱至材料完全融化成液態。

2 → **不停攪拌**

將70℃～80℃的純水慢慢邊倒入油脂中混合，使用電動攪拌器攪拌可以縮短攪拌時間，乳霜也會變的更綿密，攪拌約3分鐘至質地呈現鮮奶油狀即可停止。

3 → **靜置降溫**

靜置一分鐘，待乳霜溫度降到40℃～50℃後，即可加入洋甘菊精油，並再用電動攪拌器或是攪拌棒均勻混合，攪拌至完全濃稠像鮮奶油狀態時即可使用。

維持彈性・軟化指緣硬皮
黑醋粟籽
手部精華霜

黑醋粟油是一種多用途的植物油，也常添加於健康食品中，當中所蘊含的次亞麻仁油酸是維持肌膚彈性的重要元素，添加乳油木果脂、甜杏仁油，能防護及滋潤雙手，在指甲及邊緣局部加強按摩，**可以軟化指緣的硬皮，改善指甲邊緣凹凸不平的現象**，修復及給予指甲光澤，維持指甲的健康。

3 步驟 ▶ ▶ ▶ 做護手霜
Step by Step

配方

① → **測量所有原料**

選擇一個小型的不鏽鋼杯，將甜杏仁油、黑醋粟籽油、乳油木果脂、有機蜂蠟、南瓜籽油、天然植物乳化劑依配方用量放入杯中，隔水加熱至完全融化，加熱時可以慢慢攪拌讓油脂加速融化。

② → **使用電動攪拌器**

將純水加熱後，慢慢將高溫純水邊倒入油脂中，用電動攪拌器攪拌約3分鐘，至呈現綿密的Cream狀時即可停止，接著將乳霜靜置約1分鐘，讓溫度降低至40℃～50℃。

③ → **加入精油及萃取液**

溫度降低後，分別加入小黃瓜萃取液及橙花精油，每加入一種添加物時，皆充分攪拌約1分鐘，用電動攪拌器攪拌至質地濃稠不會落下時，即可以裝瓶使用。

甜杏仁油5ml
黑醋粟籽油5ml
乳油木果脂5g
有機蜂蠟1g
南瓜籽油4滴
天然植物乳化劑5g
純水（熱）45ml
小黃瓜萃取液10滴
橙花精油10滴

再生修復·改善手部細紋

薰衣草
回春細緻護手霜

如果你的雙手容易脫皮，或是指緣因脫皮而時常產生一些小傷口，這一款薰衣草護手霜**可以幫助雙手細微的傷口修復，擁有促進細胞再生的功效**，薰衣草精油香氣怡人、能令人放鬆、淨化心靈，還可以幫助睡眠，搭配酪梨油能深層保濕，改善手部細小紋路及斑點，讓雙手擁有年輕肌膚。

配方

酪梨油10ml
乳油木果脂5g
有機蜂蠟1g
南瓜籽油4滴
天然植物乳化劑5g
純水（熱）45ml
薰衣草精油15滴

▲ 酪梨油作出的護手霜會帶有淡淡的草綠色。

3 步驟 ▶ ▶ ▶ 做護手霜
Step by Step

1 → 隔水加熱

將配方中的酪梨油、乳油木果脂 、有機蜂蠟、南瓜籽油、天然植物乳化劑依照配方份量倒入不鏽鋼杯中，放入鍋中隔水加熱，慢慢的攪拌讓材料完全融化。

2 → 攪拌至濃稠狀

將70℃～80℃的純水慢慢邊倒入不鏽鋼杯中和油脂混合，用攪拌棒不停的攪拌混合，你也可以使用電動攪拌器攪拌，能加速完成也可能讓乳霜質地更綿密，攪拌至呈現鮮奶油狀即可停止。

3 → 滴入薰衣草精油

滴入薰衣草精油後充分攪拌，精油加入後質地會越來越濃稠，攪拌至乳霜挖起不會落下時即完成，使用前先在手臂內側做過敏測試，如果沒有紅腫癢的狀況即可以繼續使用。

淡雅香氛・舒緩放鬆柔膚

玫瑰
香氛護手乳霜

> *Memo*
>
> 適用膚質：所有肌膚
>
> 成本：約56元／65ml
>
> 保存期限：請於7天內使用完畢，如置於冰箱冷藏最多可保存三個月。
>
> 保存方法：置於陰涼乾燥處存放。

滋養的玫瑰果油及乳木油果脂富含維他命E，可以有效保濕肌膚，輕盈滑順的乳霜質地，**塗抹後雙手非常柔嫩細緻，能有效改善粗皮硬甲的困擾**，擁有一雙纖細滋養的玉手，帶有淡雅迷人的玫瑰香氛，也很適合睡前使用，可舒緩放鬆心情，如果你的腳底乾燥粗糙，也可以按摩於腳底，促進血液循環，改善脫皮粗糙的現象。

3 步驟 ▶▶▶ 做護手霜
S t e p   b y   S t e p

配方

玫瑰果油10ml
乳油木果脂5g
有機蜂蠟1g
南瓜籽油4滴
天然植物乳化劑5g
純水（熱）25ml
玫瑰純露20ml
天竺葵精油10滴

1 → **倒入不鏽鋼杯中**
將玫瑰果油、乳油木果脂、有機蜂蠟、南瓜籽油、天然植物乳化劑依配方的用量放入不鏽鋼杯中，隔水加熱至完全融化並攪拌均勻。

2 → **加入熱純水**
將70℃～80℃的純水慢慢邊倒入材料中，使用電動攪拌器攪拌，攪拌3分鐘後乳霜呈現鮮奶油狀即可，靜置約1分鐘，讓乳霜溫度降低至40℃

3 → **加入純露及精油**
待溫度降低後，分別加入玫瑰純露及天竺葵精油，每加入一種添加物時，都要充分攪拌約1分鐘，使材料完全混合，攪拌至質地濃稠不會落下時，即可以裝在喜歡的瓶罐中。

Make up base

隔離霜

防曬隔離
打造天生好膚質

[隔離霜＝植物油＋簡易乳化劑 ＋奈米級二氧化鈦＋純水（冷）]

「防曬隔離」的觀念越來越重要，女孩們就算平常沒有化妝的習慣，可是一定要有防曬的動作，因此隔離霜的存在也變的格外重要，**隔離霜可以阻擋髒空氣及紫外線的入侵，妝前使用隔離霜，可以不讓化妝品直接接觸肌膚，阻塞毛細孔，**也可以讓妝容更加透亮、打造出天生好膚質。

隔離霜的製作是使用「冷製法」，操作步驟非常簡單，只要短短幾分鐘就可以完成，使用植物油加上簡易乳化劑就成為基礎的乳霜，另外再加入奈米級二氧化鈦，增添了防曬的功效，製作完成後記得在手臂內側作過敏測試，五分鐘後若沒有紅腫癢的現象，就可以繼續塗抹在臉部肌膚上。

使用方式

先將臉部清洗乾淨，基礎保養之後，取出取適量隔離霜，（約50元硬幣大小）均勻塗抹於臉部，接著就可以出門或是繼續上妝的動作。

Note

• 一直搖晃還是聽的見水聲該怎麼辦？

如果搖晃了1分鐘還是聽的見水聲，那麼你可以再滴1～2滴的乳化劑，使其更容易乳化，些微份量的乳化劑並不會影響完成後的結果。

3 步驟做隔離霜
Step by Step

① → **均勻搖晃**
將配方中的油脂類、乳化劑、純水（冷水）倒入瓶罐，蓋上瓶蓋均勻搖晃至沒有水聲。

② → **滴入二氧化鈦液**
搖至沒有水聲後，滴入奈米級二氧化鈦液，攪拌內部使其充分混合，拉起攪拌棒，隔離霜已形成Cream的狀態即可。

③ → **滴入精油**
最後滴入適當的精油，均勻攪拌約1分鐘即完成，可以馬上使用。

溫和防曬‧高雅服貼超自然

乳香
嫩白防曬
隔離霜

乳香是一種樹木，乳香精油是由其樹脂提煉出的精油，氣味十分高雅，帶有一種安定的感覺，**具淡化疤痕，調理老化乾燥肌膚的作用**，是一種美容聖品，添加了夏威夷核果油及蘆薈油，擦起來清爽不油膩，非常溫和好吸收，除了能隔離紫外線，還能滋潤保濕肌膚，乳香精油呈深褐色，因此做出的隔離霜會呈現淡淡的咖啡色。

Memo	
適用膚質：乾燥、老化肌膚	
成本：約38元／45ml	
保存期限：請於7天內使用完畢，如置於冰箱冷藏最多可保存三個月	
保存方法：置於陰涼乾燥處存放。	

配方 蘆薈油5ml、夏威夷果油5ml、小麥胚芽油4滴、純水40ml、簡易乳化劑8滴、奈米級二氧化汰液4滴、乳香精油3滴

3 步驟 ▶ ▶ ▶ 做隔離霜
Step by Step

1 → 秤量材料

選擇一個寬口的乳霜罐，將配方中的蘆薈油、夏威夷果油、小麥胚芽油、純水及簡易乳化劑測量完全後，陸續倒入罐中，蓋緊後均勻搖晃至沒有水聲。

2 → 加入二氧化鈦液

當搖晃至沒有水聲時，即滴入奈米級二氧化鈦液，用攪拌棒將內部攪拌均勻，挖起少許隔離霜，直到呈現鮮奶油狀不會落下的狀態即能停止。

3 → 滴入精油

滴入乳香精油3滴，用攪拌棒拌勻讓內部乳霜充分混合，使用前記得在手臂內側做敏感測試，過五分鐘若無紅腫癢現象即可塗抹在臉部上。

• 隔離霜如果太稀或太濃怎麼辦？

完成的隔離霜，可以先在手臂內側做過敏測試，也可以感覺一下乳霜的質地是否適合自己的肌膚吸收，如果推抹時感覺太過油膩厚重，可以視情況添加2cc～5cc的純水，慢慢的增加並攪拌均勻，使乳霜的濃度降低，反之，如果覺得質地太稀薄，可以慢慢的加入2cc～5cc的植物油，使乳霜的濃度提高，製作保養品沒有太制式化的作法，可以慢慢調整保養品的配方，找到最適合肌膚的狀態，這也是製作保養品時最有樂趣的地方。

柔嫩晶亮 · 打造蘋果光肌膚

亮采晶透
隔離霜

市面上有許多彩妝產品會添加珠光粉，來修飾膚色不均勻的問題，創造白裡透紅的膚質，打造出臉部輪廓的立體感，你也可以自己在家裡製作珠光隔離霜，搭配玫瑰果油可以加強保濕，**擦上後肌膚觸感很平滑**，**能讓後續的粉底產品更服貼勻稱**，很適合油性肌膚使用，而馬鞭草精油可軟化角質，使皮膚變的柔嫩。

配方

玫瑰果油6ml
甘油4ml
小麥胚芽油4滴
純水40ml
奈米級二氧化汰液4滴
簡易乳化劑8滴
珍珠白珠光粉1茶匙
馬鞭草精油8滴

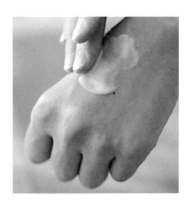

▲雙手的肌膚也要記得防曬喔！

3 步驟 ▶ ▶ ▶ 做隔離霜
Step by Step

1 → 倒入油脂材料

將玫瑰果油、甘油、小麥胚芽油、純水及簡易乳化劑依照配方測量好，陸續倒入乳霜瓶中，將蓋子蓋上後，均勻搖晃至沒有水聲，讓油脂與乳化劑完全融合。

2 → 添加二氧化鈦液

搖至沒有水聲時，滴入奈米級二氧化鈦液，用小型打蛋器攪拌內部，讓隔離霜能充分混合均勻，不停攪拌至拉起呈現Cream狀而不會落下的狀態。

3 → 加入添加物

加入珍珠白珠光粉1茶匙及馬鞭草精油，珍珠白珠光粉在化工材料行可買到，每加入一種添加物時，都要稍微攪拌內部使其充分混合。

消炎鎮靜．平衡油性肌膚

滋潤肌
橄欖隔離霜

Memo

適用膚質：	所有肌膚
成本：	約66元／55ml
保存期限：	請於7天內使用完畢，如置於冰箱冷藏最多可保存三個月。
保存方法：	置於陰涼乾燥處存放。

橄欖油的滋潤度極優，同時擁有保濕及修護的雙重功效，製作成隔離霜，不但能有效隔離，還能抗敏感、預防紫外線，質地細緻擦起來很薄透，不會太過油膩厚重，平時只要簡單的上妝程序，擦上隔離霜之後再拍上些許蜜粉，就可以讓皮膚質感自然有精神，可說是打造裸妝的秘密武器！挑選橄欖油時，**請購買純天然100%橄欖油，注意不要選擇到烹調用的橄欖調和油。**

3 步驟 ▶▶▶ 做隔離霜
Step by Step

1 → **搖晃混合**

將橄欖油、小麥胚芽油、簡易乳化劑、純水測量完全後，慢慢的倒入喜愛的瓶罐中，建議選擇寬口的乳霜瓶，將瓶蓋鎖緊後，上下不停搖晃至聽不到水聲。

2 → **打開蓋子添加**

搖晃至沒有水聲，代表油脂乳化，這時滴入奈米級二氧化鈦液4滴，用小型攪拌棒攪拌約1分鐘，攪拌至隔離霜已形成的鮮奶油狀態時，就可以進入下一個步驟。

3 → **滴入適當精油**

最後滴入洋甘菊精油8滴，再用攪拌棒均勻攪拌約1分鐘即完成，可以馬上塗抹於臉上肌膚，進行上妝的動作。

配方

Extra Virgin橄欖油10ml
小麥胚芽油4滴
簡易乳化劑8滴
純水40ml
奈米級二氧化汰液4滴
洋甘菊精油8滴

▲ 出門前擦上隔離霜，可以阻絕髒空氣及紫外線。

55

Memo

| 適用膚質：所有肌膚 |
| 成本：約45元／55ml |
| 保存期限：請於7天內使用完畢，如置於冰箱冷藏最多可保存三個月 |
| 保存方法：置於陰涼乾燥處存放。 |

親膚保濕‧美麗加分不脫妝

果香酪梨保濕防曬霜

乾性或敏感性肌膚的人上妝後容易浮粉，那麼你可以試試看這一款隔離霜，酪梨油及甜杏仁油的的親膚性佳，具有**強效的保濕功能**，擦上後可以加強粉底的服貼度，**克服厚重妝容的困擾，且不容易脫妝**，建議使用未精製酪梨油，營養成分較高，製作出的隔離霜會呈現自然的淺綠色，且帶有淡淡果香。

配方

未精製酪梨油5ml
甜杏仁油5ml
小麥胚芽油4滴
純水40ml
簡易乳化劑8滴
奈米級二氧化汰液4滴

3 步驟 ▶ ▶ ▶ 做隔離霜
Step by Step

1 → 搖至無水聲

將未精製酪梨油、甜杏仁油、小麥胚芽油、純水、簡易乳化劑測量完全後，慢慢的倒入瓶罐中，蓋上瓶蓋均勻搖晃至沒有水聲時，代表油脂與乳化劑完全混合。

2 → 添加防曬成分

接著滴入有防曬功效的奈米級二氧化鈦液，充分攪拌內部約1分鐘，直到拉起攪拌棒，隔離霜已形成Cream狀而不會落下的狀態即能加入精油。

3 → 加入香氛精油

如果你想要有淡淡香氣，最後你也可以加入喜歡的精油，增加香氣及療效，一次用量約8滴左右，攪拌均勻後即可以馬上使用。

重建細胞‧提昇保水能力

月見草
抗皺隔離防曬霜

Memo

適用膚質：乾燥老化肌膚
成本：約45元／55ml
保存期限：請於7天內使用完畢，如置於冰箱冷藏最多可保存三個月。
保存方法：置於陰涼乾燥處存放。

月見草油富含不飽和亞麻油酸，能重建老化的肌膚細胞，滋養效果極優，能讓肌膚恢復彈性光澤，**消除臉上的小細紋及斑點**，**擦起來清爽不黏膩**，提昇肌膚的保濕力，在護膚修護的同時，還可防曬隔離，阻隔髒空氣，補充因紫外線所帶走的水分，使肌膚不再乾燥脫皮。

3 步驟 ▶▶▶ 做隔離霜
S t e p   b y   S t e p

1 → **搖至無水聲**

將月見草油、小麥胚芽油、純水、簡易乳化劑測量完全後，慢慢的倒入瓶罐中，蓋上瓶蓋均勻搖晃至沒有水聲時，代表油脂與乳化劑已完全混合。

2 → **添加防曬成分**

滴入奈米級二氧化鈦液，充分攪拌1分鐘，拉起攪拌棒隔離霜已形成Cream狀而不會落下的狀態即可。

3 → **加入香氛精油**

最後滴入精油，再用攪拌棒均勻攪拌約1分鐘即完成，可以馬上塗抹於臉上肌膚，進行上妝的動作。

配方

月見草油10ml
小麥胚芽油4滴
純水40ml
簡易乳化劑8滴
奈米級二氧化汰液4滴
迷迭香精油4滴
橙花精油5滴

[護唇膏＝植物油＋蜂蠟＋精油]

嘴唇是人的肌膚最脆弱、敏感的部位，在季節轉換或是天氣寒冷時，嘴唇會產生乾裂、脫皮的現象，你可以自製天然的護唇膏，選擇甜杏仁油、榛果油等親膚性的油脂，讓油脂的養分長時間包覆住肌膚，藉由精油的療效，來治癒修復傷口及乾裂，達到修護的效果。

使用「熱製法」來製作護唇膏，在植物油加入蜂蠟或蜜蠟，可使液態的油脂轉變成半固態，以方便塗抹於嘴唇，蜂蠟有分為有機蜂蠟及人造蜂蠟，有機蜂蠟是從蜂窩提煉出來的天然蜂蠟，顏色呈黃色或琥珀色，所製作出的護唇膏會略帶黃色及一股淡淡的蜂蜜香氣，約在70℃時會完全融化，而人造蜂蠟無色無味，不會影響製作出的顏色及氣味，約在60℃時會完全融化，因此在製作時可依個人喜好來做選擇。

在製作護唇膏時會添加維他命E，它能抗氧化、延長保存期限、保護易蒸發的精油，滋養乾燥老化的肌膚，適合添加於護唇膏、乳霜等接觸脆弱肌膚的保養品。

使用方式

感覺雙唇乾燥時，取適量均勻塗抹唇部，保持滋潤避免乾裂，也可以在上口紅或唇蜜前，塗抹上一層護唇膏打底，使雙唇變的更水潤有彈性。

N o t e

• 製作護唇膏的小技巧

1 使用不鏽鋼杯加熱油脂時，不鏽鋼杯中要保持完全乾燥，以免加熱時產生油爆的現象。
2 精油加入後，攪拌約10秒即可入模，若太慢入模，可以會因溫度下降而提早使護唇膏凝固。
3 倒入模具後，可以放進冰箱中冷藏，能讓護唇膏加速冷卻凝固。

3 步驟做護唇膏
Step by Step

① → **加熱油脂**

將植物油、蜂蠟依照配方的份量放入鋼杯中隔水加熱至70℃，慢慢的攪拌油脂，能讓融解速度加快。

② → **倒入添加物**

油脂及蜂蠟完全融解後，取出鍋中，待溫度降至40℃～50℃時，即可加入維他命E及精油。

③ → **入模凝固**

入模時建議先將油脂倒在量杯中比較容易倒入，靜置約10～20分鐘後使其凝固後即可使用。

Olive Lip Balm

溫和滋潤・全方位修護雙唇

頂級橄欖
寶貝潤唇膏

橄欖油的滋潤不僅是油質本身，它會**在肌膚表面形成透氣保護膜，能全方位修護脆弱的唇部肌膚**，深具滋養保濕的功效，添加普羅旺斯香氛調，能感受到大地自然的香氣，是一款媲美專櫃等級的護唇膏，如果不添加香精，也可以給 0 歲以上嬰幼兒使用，含有天然維他命E能呵護並給予滋潤。

配方 冷壓縮特級橄欖油14ml、有機蜂蠟6g、維他命E1滴、普羅旺斯香氛調8滴

Memo

適用膚質：所有肌膚	
成本：約24元／20g	
保存期限：可保存半年	
保存方法：置於陰涼乾燥處存放。	

3 步驟 ▶ ▶ ▶ 做護唇膏
S t e p   b y   S t e p

① → **隔水加熱**

準備一個不鏽鋼杯，將冷壓縮特級橄欖油、有機蜂蠟依照配方的份量放入杯中，隔水加熱至70℃，慢慢的攪拌油脂，能讓融解速度加快，使用鋼杯時要注意杯中要保持完全乾燥，以免加熱時產生油爆而受傷。

② → **等待降溫**

隔水加熱至油脂都融解後，將杯子取出鍋中，靜置使溫度降至40℃～50℃後，即可加入維他命E及普羅旺斯香氛調，攪拌約10秒後就可快速倒入瓶罐中。

③ → **入模**

將護唇膏靜置約10～20分鐘後，等到完全凝固後就可以馬上使用，記得先在手臂內側做敏感測試，待五分鐘後若無紅腫癢的情況，即可以塗抹在嘴唇上。

N o t e

• 如何自行調配植物油與蜂蠟的比例？

在寒冷的秋冬季節，嘴唇較容易乾裂，因此在自行調配護唇膏的比例時，你可以用7：3（植物油：蜂蠟）的比例來製作，能在乾冷的季節加強修護效果，如果是在春夏季節製作，則比例為6：4（植物油：蜂蠟），提高蜂蠟的比例，作出的護唇膏質地會比較堅硬，不會因為炎熱的高溫而造成護唇膏有軟黏的現象。

舉例說明
如果在冬天要製作20g的護唇膏，植物油與蜂蠟的比例為7：3，那麼植物油的用量為20g × 7/10（0.7）＝14g，而蜂蠟的用量則為20g－14g＝6g

61

飽水潤澤 · 持久保濕度

可可
深層保濕護唇膏

可可脂含有豐富的天然抗氧化物，製作於護唇膏或是保養品，可以擁有良好的穩定度，味道非常香醇，可以**提高雙唇肌膚的滋潤度，使嘴唇柔軟更加潤澤**，搭配溫和的榛果油，保濕滲透性極佳，薄荷精油及甜橙精油能使護唇膏的香氣自然涼爽，香氣令人愉悦舒適，擦起來保濕功效加倍。

配方

可可脂3g
有機蜂蠟3g
榛果油14ml
維他命E1滴
薄荷精油3滴
甜橙精油5滴

3 步驟 ▶ ▶ ▶ 做護唇膏
Step by Step

1 → **秤量所有材料**

將可可脂、有機蜂蠟、榛果油依照配方的份量放入不鏽鋼杯中，在鍋中隔水加熱至70℃，慢慢的攪拌能讓融解速度加快。

2 → **取出入模**

待油脂及蜂蠟完全融解後，將不鏽鋼杯取出鍋中，不停攪拌讓溫度降至40℃～50℃，降溫後即可加入維他命E及精油，攪拌約10秒後即入模，注意入模時動作要迅速，以免使護唇膏提早凝固。

3 → **靜置凝固**

將護唇膏靜置約10～20分鐘後，等到完全凝固後就可以馬上使用，你也可以放進冰箱冷藏，使護唇膏加速冷卻凝固。

親膚滋潤・有效淡化唇紋

葡萄柚
果氛護唇膏

Memo	
適用膚質：所有肌膚	
成本：約24元／20g	
保存期限：可保存半年	
保存方法：置於陰涼乾燥處存放。	

酪梨油是一款很親膚性的油脂，**具有良好的保濕性，滋潤但不油膩**，非常適合乾燥及敏感性肌膚使用，搭配蜂蠟製作成護唇膏，質地柔軟不堅硬，在雙唇擦抹上一層後，能形成保護膜，**深入唇隙滋潤，有效淡化唇紋**，改善乾燥脆弱的肌膚，搭配葡萄柚精油及維他命E油，有助於延緩唇部老化。

3 步驟 ▶▶▶ 做 護 唇 膏
Step by Step

配方

1 → **加熱油脂**

將酪梨油、有機蜂蠟 依照配方的份量放入鋼杯中隔水加熱至70℃，慢慢的攪拌油脂，能讓融解速度加快，使用鋼杯時要注意杯中要保持完全乾燥，以免加熱時產生油爆的現象。

2 → **加入維他命E**

油脂及蜂蠟完全融解後，取出鍋中，待溫度降至40℃～50℃時，即可加入維他命E及精油，攪拌約10秒後即可入模，若太慢入模，可以會因溫度下降而提早使護唇膏凝固。

3 → **入模冷卻**

入模時建議先將油脂倒在量杯中比較容易倒入，靜置約10～20分鐘後，或是放入冰箱的冷藏庫，使護唇膏急速降溫凝固後，即可以馬上使用。

酪梨油14ml
有機蜂蠟6g
維他命E1滴
葡萄柚精油10滴

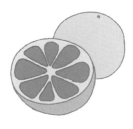

63

高飽水度 · 擺脫暗沈雙唇

草本
玫瑰水嫩唇膏

這一款護唇膏添加了玫瑰精油，擁有自然的草本香氣，接受度極高，**平時擁有擦護唇膏的好習慣，可以使雙唇紅潤有光澤**，白天使用能讓嘴唇飽水度增加，加上橄欖油的滋潤保濕精華，可以預防雙唇粗糙乾裂，一整天都能維持柔軟溼潤的雙唇，晚上睡前輕於抹嘴唇，更能長效保養並給予飽滿的水分，使唇部不再暗沈乾燥。

配方

橄欖油14ml
有機蜂蠟6g
維他命E1滴
玫瑰精油5滴

▲ 添加玫瑰精油的護唇膏，能使唇色更加紅潤。

3 步驟 ▶ ▶ ▶ 做護唇膏
Step by Step

① → **秤量所需材料**

準備一個不鏽鋼杯，將橄欖油、有機蜂蠟 依照配方的份量放入杯中，接著隔水加熱至70℃，慢慢的攪拌加熱至油脂完全融解成液體狀態。

② → **倒入添加物**

將不鏽鋼杯取出鍋中，靜置使溫度下降到40℃時，即可加入維他命E及玫瑰精油，若太高溫即加入精油會破壞其中的成分，均勻攪拌後即可倒入喜歡的瓶罐中。

③ → **靜置凝固**

建議倒入寬口的瓶罐或是護唇膏管，比較方便塗抹，靜置約10～20分鐘後使護唇膏完全凝固後即可馬上使用。

香甜清新・雙唇年輕柔嫩

清涼
甜橙潤唇膏

Memo	
適用膚質：所有肌膚	
成本：約22元／20g	
保存期限：可保存半年	
保存方法：置於陰涼乾燥處存放。	

榛果油的保濕度相當出色，富含礦物質及維生素A、E，可以讓敏感的雙唇不再乾燥脫皮，添加維他命E不但能使護唇膏穩定，還能鎖住水分，使嘴唇保持柔嫩年輕，質地豐潤能充分保濕肌膚，**可調理因乾燥而產生的脫皮及小細紋**，擁有香甜濃郁的甜橙香味，能使心情愉快舒適。

3 步驟 ▶▶▶ 做護唇膏
Step by Step

配方

1 → **隔水加熱油脂**
依照配方的份量將材料放入鋼杯中隔水加熱至70℃，使用鋼杯時要注意杯中要保持完全乾燥，以免加熱時產生油爆的現象。

2 → **靜置降溫**
待油脂溫度降至40℃～50℃時，加入能抗氧化的維他命E及具療效的精油，攪拌約10秒後即可入模，若太慢入模，可以會因溫度下降而提早使護唇膏凝固。

3 → **冷卻待用**
入模時建議先將油脂倒在量杯中比較容易倒入，待護唇膏完全凝固後就可以馬上使用，使用前記得要做在手臂內側做敏感測試。

榛果油14ml
有機蜂蠟6g
維他命E1滴
薄荷精油3滴
甜橙精油5滴

65

[滋養乳霜＝植物油＋熱製型乳化劑 ＋純水（熱）＋萃取液／精油]

沐浴後，若能在身體擦上身體乳液、乳霜，享受芳療香氛的舒活味道，放鬆及保養全身肌肉，舒緩一整天下來的壓力，是再幸福不過的一件事了！自己做滋養乳霜，**善用每一種精油，用不同比例調配出專櫃等級的高級香氛，寵愛身體的每一吋肌膚**，讓身體肌膚和臉部肌膚一樣永保年輕，保濕有彈性。

乳霜和護手霜的做法一樣，都是使用「熱製法」，添加營養成份高的油脂及功效優良的萃取液，強調滋養的乳霜在製作時，純水的用量會比製作護手霜時的用量少一點，作出的乳霜質地較滋潤濃稠，適合乾性肌膚的人使用，如果是油性或混合性膚質，可以製作較清爽的質感，只要在純水的用量增加10ml左右，就能讓乳霜質感較為清爽，製作出專屬於自己的身體保養品。

使用方式

沐浴後是最適合塗抹身體乳霜的時機，可以從腳底慢慢塗抹至身體，由下往上均勻的塗抹於粗糙肌膚、頸部及臉部，活絡每一個細胞，讓肌膚達到最佳狀態。

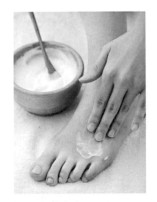

▲ 輕輕的按摩穴道，加強身體的血液循環。

3 步驟做滋養乳霜
Step by Step

1 → 隔水加熱油脂

將植物油、熱製型乳化劑放入不鏽鋼杯中，隔水加熱至完全融化。

2 → 倒入熱純水

將70℃～80℃的純水慢慢倒入油脂中，用電動攪拌器攪拌約3分鐘，至呈現鮮奶油狀後停止，靜置約1分鐘，讓溫度降低至40℃～50℃。

3 → 加入添加物

加入喜愛的萃取液或是精油，攪拌乳霜使其越來越濃稠，用攪拌棒挖起乳霜不會流動落下時，即可以裝瓶使用。

Arnica Moisturing Lotion

鎮靜放鬆・腳步輕盈舒適

山金車
舒緩美足
按摩霜

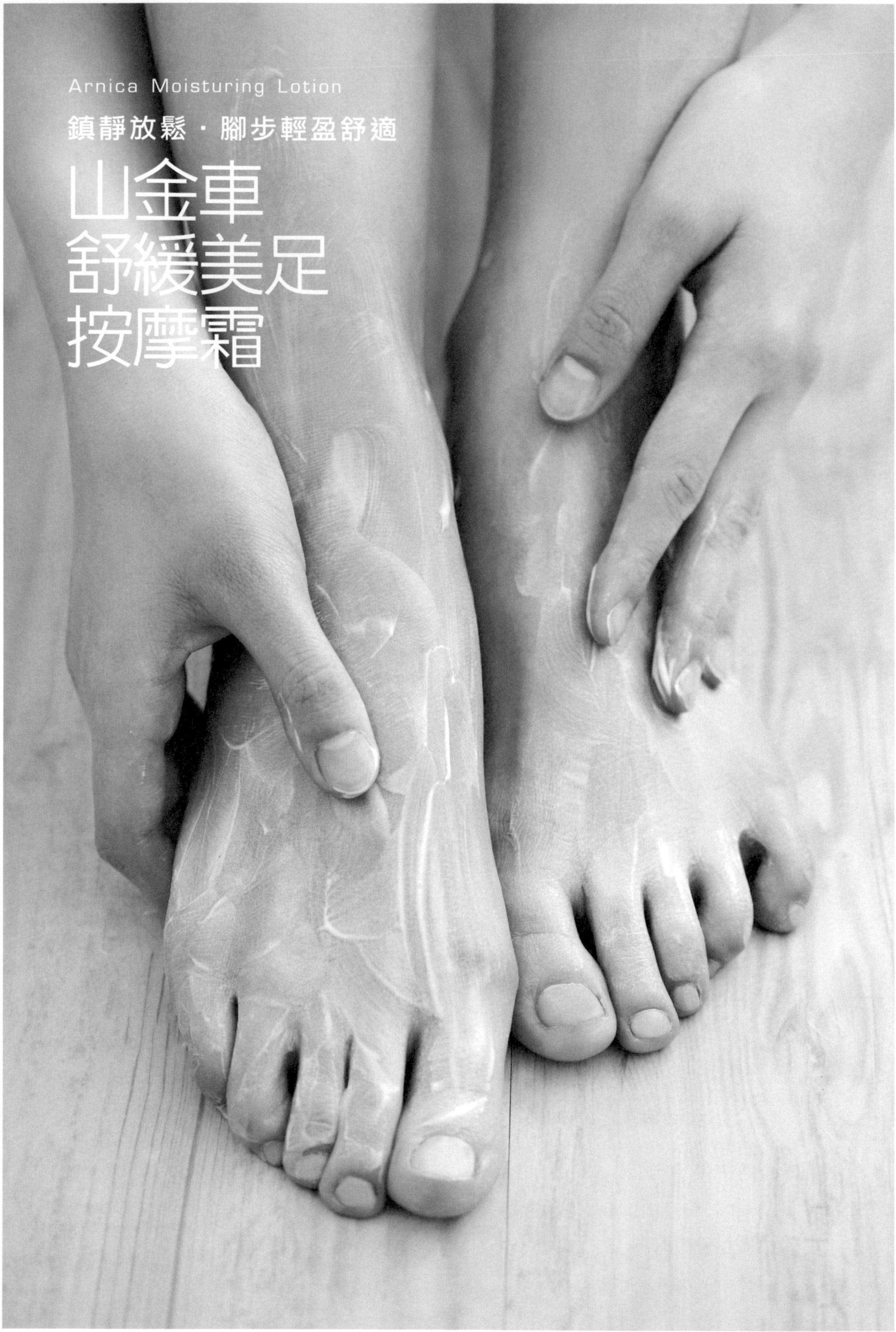

這一款腿部舒緩乳霜加入了許多精油，能調配出專櫃等級的乳霜香味，山金車萃取液可舒緩減輕酸痛、關節炎、扭傷等肌肉問題，在沐浴後塗抹於雙腿及足踝，**可以緩解雙腿的疲累與不適，搭配抬腿運動或是按摩穴道，能讓腳步更加輕盈放鬆**，質地濃稠但不黏膩，塗抹後好吸收，能感受到舒服的涼爽感。

> *Memo*
> 適用膚質：所有肌膚
> 成本：82元／65ml
> 保存期限：請於一個月內使用完畢，若至於冰箱冷藏可存放三個月。
> 保存方法：置於陰涼乾燥處存放。

配方 未精製可可脂2g、人造蠟1g、榛果油15cc、薄荷腦1g、小麥胚芽油5滴、天然植物乳化劑5g、純水（熱）30ml、山金車萃取液10cc、薄荷精油5滴、雪松精油1滴、佛手柑精油2滴、迷迭香精油1滴、絲柏精油1滴、羅勒精油1滴、廣霍香精油1滴、香茅精油1滴、檸檬精油1滴

3 步驟 ▶▶▶ 做滋養乳霜
Step by Step

① → 加熱油脂
準備一個不鏽鋼杯，將未精製可可脂、人造蠟、榛果油、薄荷腦、小麥胚芽油、天然植物乳化劑依配方的份量放入杯中，隔水加熱至完全融化。

② → 不停攪拌
將熱純水慢慢邊倒入杯中與油脂混合，使用電動攪拌器攪拌，可以縮短攪拌時間，也能使乳霜質地更柔細綿密，攪拌至呈現鮮奶油狀後即可停止。

③ → 靜置添加
將乳霜靜置約1分鐘，使溫度下降至40℃～50℃，即可以分別加入萃取液及精油，並充分攪拌，用攪拌棒挖起乳霜不會流動落下時，即可以裝瓶使用。

Note

• 如何細心呵護雙腿？

想要擁有一雙細緻的雙足，你可以在睡前將雙足厚厚的塗上一層乳霜，接著穿上襪子入睡，隔天醒來足部的肌膚就會變的很細緻，除了在夜間修護之外，平日的保養也很重要，例如：

1 不要赤腳穿鞋子或拖鞋，平時要養成穿襪子的好習慣，以免雙足經常與鞋子磨擦而產生厚角質層。

2 定期幫腳底去角質，尤其在秋冬寒冷時節用溫水泡腳，可以加強雙腳的新陳代謝。

3 睡前抬腿20～30分鐘，讓血液暫時倒流能舒緩緊繃的肌肉，也可以消除蘿蔔腿，預防靜脈曲張。

Memo

適用膚質：所有肌膚	
成本：約82元／70ml	
保存期限：請於一個月內使用完畢，若至於冰箱冷藏可存放三個月。	
保存方法：置於陰涼乾燥處存放。	

活絡肌膚・預防粉刺增生

金盞花
活化滋養乳霜

有些乳霜擦起來非常油膩，悶住肌膚的毛細孔，塗抹後反而因為有不適感而清洗掉，不僅浪費也會對肌膚造成傷害，你可以自製金盞花滋養乳霜，**金盞花浸泡油能活絡肌膚，使肌膚保持彈性光澤，迅速修復受損的肌膚**，乳霜質地柔滑，很好推抹不殘留黏膩，全身及臉部都可以使用，添加了佛手甘精油可以預防粉刺增生，改善出油的狀況。

配方

金盞花浸泡油5ml
乳油木果脂5g、有機蜂蠟1g
南瓜籽油4滴
天然植物乳化劑5g
純水（熱）50ml
金盞花萃取液5ml
佛手甘精油15滴

3 步驟 ▶▶▶ 做滋養乳霜
Step by Step

1 → **秤量所有材料**
將配方中的金盞花浸泡油、乳油木果脂、有機蜂蠟、南瓜籽油、天然植物乳化劑依配方份量放入不鏽鋼杯中，放入鍋中隔水加熱至完全融化。

2 → **倒入熱純水**
將加熱過後的純水倒入油脂混合，用電動攪拌器攪拌可加速完成時間，攪拌至乳霜呈現鮮奶油濃稠狀時即可停止，將乳霜靜置約1分鐘讓溫度下降。

3 → **降溫添加**
待降溫至40℃時，加入萃取液及精油，將攪拌棒挖起乳霜不會流動落下時即完成，使用前先在手臂內側做敏感測試，若五分鐘後無紅腫癢反應，即可繼續使用。

天然寵愛・呵護全身肌膚

天然乳油木果乳霜

這一款乳霜含有珍貴的辣木油精華，搭配乳油木果脂能提供天然的保濕因子，可深層導入，呵護修復乾燥的肌膚，添加桃金孃、苦橙、岩蘭草等多種香氛精油，不僅能提供療效，改善敏感、乾癢的肌膚，且香味清新淡雅，**可當作身體按摩霜，針對膝蓋、手肘、腳底等粗糙的部位，加強按摩可以使肌膚觸感平滑滋潤**，每天使用更能呵護全身肌膚。

3 步驟 ▶▶▶ 做滋養乳霜
Step by Step

配方

① → **隔水加熱油脂**

準備一個不鏽鋼杯，將乳油木果脂、可可脂、辣木油、有機蜂蠟、天然植物乳化劑依配方的份量放入杯中，隔水加熱，讓油脂升溫並使固態油脂能完全融解。

② → **加入熱水**

將純水加熱至70℃～80℃後，慢慢倒入融解好的油脂中，你也可以使用電動攪拌器攪拌，可縮短攪拌時間，攪拌至呈現鮮奶油狀，挖起乳霜不會落下時即可停止攪拌。

③ → **裝罐**

添加萃取液及精油，慢慢攪拌使乳霜越來越濃稠後，即可裝瓶使用，選擇一個寬口的乳霜罐裝瓶，沐浴後取大量乳霜塗抹在肌膚上非常便利。

乳油木果脂5g
可可脂1g
辣木油10ml
有機蜂蠟1g
天然植物乳化劑5g
純水（熱水）50ml
百里香精油1滴
桃金孃精油1滴
苦橙精油4滴
岩蘭草精油4滴

持久香氛 · 平滑緊實肌膚

金縷梅
柔皙抗過敏乳霜

金縷梅萃取液是由榛樹所天然提煉而出，這一款乳霜滋潤柔滑，具有舒緩、收斂、鎮靜的功效，能有效調節分泌過多的油脂，對於青春期少年的痘痘肌或是容易出油的膚質，都可以有效的平衡調理，改善毛孔粗大的問題，**過敏肌膚也可以安心使用，好推不油膩，香味舒適持久**，全臉及身體都可以塗抹，能讓肌膚平滑緊實。

配方

甜杏仁油5ml
乳油木果脂5g
有機蜂蠟1g
小麥胚芽油4滴
天然植物乳化劑5g
純水（熱）50ml
金縷梅萃取液5ml
橙花精油5滴
洋甘菊精油10滴

3 步驟 ▶▶▶ 做滋養乳霜
Step by Step

1 → **測量材料**

測量乳霜所需的材料，依配方的份量一一放入不鏽鋼杯中，放入鍋中隔水加熱至完全融化並攪拌均勻。

2 → **不停均勻攪拌**

將70℃～80℃的純水慢慢邊倒入油中，用電動攪拌器攪拌約3分鐘，至呈現鮮奶油狀後停止，可以靜置約1分鐘使乳霜降溫。

3 → **加入精油**

需等乳霜降溫時才能加入精油，不然會破壞精油成份，加入後用攪拌棒充分將內部混合，當攪拌棒挖起乳霜不會流動落下時，乳霜即完成，可以馬上裝瓶使用。

緊實雕塑・重現年輕曲線

迷迭香
緊緻按摩霜

Memo

適用膚質：所有肌膚

成本：79元／70ml

保存期限：請於7天內使用完畢，如置於冰箱冷藏最多可保存三個月。

保存方法：置於陰涼乾燥處存放。

這一款按摩霜添加了迷迭香萃取液及迷迭香精油，擁有雙重緊緻的功效，質地清爽好吸收，塗抹於大腿、臀部及腹部上，能改善肌膚的鬆弛狀況，也能淡化生產後留下的妊娠紋，搭配按摩手勢或按摩小工具，**可以有效改善肥胖的橘皮紋路，消除多餘的水分，使肌肉緊實有彈性**，經常使用能雕塑身體曲線。

3 步驟 ▶▶▶ 做滋養乳霜
Step by Step

配方

1 → **加熱油脂及乳化劑**

將甜杏仁油、乳油木果脂、有機蜂蠟、小麥胚芽油 、天然植物乳化劑依配方的份量放入不鏽鋼杯中，隔水升溫加熱至70℃，使油脂及乳化劑完全融解至液體狀態。

2 → **倒入熱純水攪拌**

將純水慢慢邊倒入不鏽鋼杯中，使用電動攪拌器攪拌約3分鐘，使乳霜呈現鮮奶油狀即可停止，你也可以用小型打蛋器攪拌。

3 → **降溫添加**

測量溫度使乳霜降溫至40℃時，即可滴入精油及萃取液，攪拌至乳霜越來越濃稠的狀態時，就可以裝在自己喜歡的瓶罐中。

甜杏仁油5ml
乳油木果脂5g
有機蜂蠟1g
小麥胚芽油4滴
天然植物乳化劑5g
純水（熱）50ml
迷迭香萃取液5ml
迷迭香精油5滴
葡萄柚精油5滴

73

[保濕凝膠＝純水／純露＋凝膠形成劑 ＋萃取液／精油]

肌膚如果充滿水分，看起來格外濕潤、吹彈可破，如果想要避免肌膚乾燥，光用化妝水是不夠的，你可以自製保濕凝膠，讓任何具有保濕潤澤的液態物質、如萃取液、純露等，能夠長時間停留在肌膚上，達到常態保濕護膚的目的。

運用凝膠形成劑來結合水分子，形成凝膠狀的保養品，凝膠是一種果凍般的物質，只要些微的份量就可以聚集大量的水，可以當成保養品於日常或上妝前塗抹，也可以在肌膚上敷上厚厚一層當作保濕面膜，讓肌膚維持健康含水的狀態。

因為是完全純天然的保養品，沒有添加任何的防腐劑，所以凝膠的保存期限約在7天左右，如果冰在冰箱冷藏，凝膠不僅可以達到清爽鎮定的效果，保存期限也可以拉長到1個月～3個月左右。

使用方式

1　潔顏後取適量於手掌上（約50元硬幣大小），均勻塗抹於臉部、脖子，充分由下往上按摩。

2　如果要出門時皮膚特別乾燥，或是前一天忘記敷面膜，這個時候你可以敷上一層厚厚的保濕凝膠，敷5～10鐘後再用清水洗掉，能馬上給予肌膚水分加強保溼。

▲ 濕敷後肌膚滑嫩有精神，上妝後能讓妝效更服貼。

3 步驟做保濕凝膠
Step by Step

1 → 倒入所有材料

將凝膠形成劑、純水或純露依照配方的份量放入瓶罐裡。

2 → 不停攪拌至凝膠狀

用小型攪拌棒均勻攪拌約5～10分鐘，攪拌從液態轉變為果凍狀時，直到挖起凝膠不會落下的樣子，就可以停止攪拌。

3 → 加入添加物

最後在凝膠中加入維他命E或小麥胚芽油，可以抗氧化及延長保存期限，將內部充分拌勻約1分鐘，即可以裝瓶使用。

Butcher's Boom Gel

水嫩清爽・冰鎮曬後肌膚

屠夫掃帚
曬後
保濕凝膠

屠夫掃帚又叫做「假葉樹」，是一種常綠小灌木，對皮膚有鎮靜、消除水腫及消炎的功效，**可以改善黑眼圈、眼部鬆弛、厚重眼袋的困擾**，曬後使用可以冰鎮曝曬過後的紅腫肌膚，達到保溼與修護的效果，鎖水力強，擦起來非常水嫩清爽不黏膩，也可以消除痘痘的膿胞及發炎現象。

Memo
適用膚質：所有肌膚
成本：82元／45ml
保存期限：請於7天內使用完畢，若至於冰箱冷藏可存放三個月。
保存方法：置於陰涼乾燥處存放。

配方 凝膠形成劑5g、純水（冷）30ml、屠夫掃帚萃取液10ml、水溶性維他命E油1滴

3 步驟 ▶▶▶ 做保濕凝膠
Step by Step

1 → 測量倒入

找一個自己喜歡的罐子，依照配方將凝膠形成劑、純水、屠夫掃帚萃取液準確測量後倒入瓶罐裡，用小型攪拌器不停的拌勻，注意罐子內部邊緣也要攪拌到。

2 → 使用電動攪拌器

為了加速攪拌時間，可以使用電動攪拌器攪拌約5～10分鐘，至液體呈現為果凍狀時，即可以停止攪拌。

3 → 添加維他命E

在凝膠中滴入1滴水溶性維他命E，加入後再充分拌勻約1分鐘，攪拌至形成透明凝膠狀即完成，夏天炎熱時，可以冷藏在冰箱，用來敷臉保養可以增加清爽舒適感。

Note

• 凝膠形成劑與純水的比例如何調配？

你可以製作大量的保濕凝膠，平時放在冰箱冷藏，要上妝前、沐浴後，或是睡前保養，就可以拿出來敷抹，非常便利，在製作大量的保濕凝膠時，你可以將純水稍微加溫，加入溫水可以加速凝膠的溶解。
凝膠形成劑與純水的比例為1：6，舉例來說：如果要製作300ml的保濕凝膠，那麼純水的用量為300ml，凝膠形成劑的用量為300／6＝50g，純水也可以用純露來替代，或是平均分配，而萃取液的用量約為總容量的30%～40%，300×3%＝90ml，也就是說萃取液的用量為90ml。

水潤滲透・長效飽水能力

活力錦葵
抗敏水凝凍

乾性肌膚上妝後，皮膚總是會有乾裂的情況，你可以自製錦葵水凝凍，能感受到神奇長效的飽水能力，**錦葵萃取液具有良好的保溼效果，適合所有膚質使用**，尤其針對敏感性肌膚，能舒緩受損的細胞，令肌膚保持年輕健康，洗顏後，輕抹在皮膚上能明顯的感受到水潤滲透的舒適感，輕拍皮膚加強凝膠吸收，可使妝感更加清透服貼。

配方

凝膠形成劑5g
純水（冷）30ml
錦葵萃取液10m
水溶性維他命E油1滴

3 步驟 ▶▶▶ 做保濕凝膠
Step by Step

1 → 秤量所有材料

準備一個瓶罐或量杯，將凝膠形成劑、純水、錦葵萃取液依照配方的份量倒入，用小型打蛋器，也可以用電動打奶泡器，縮短攪拌時間。

2 → 攪拌至果凍狀

用小型攪拌棒均勻充分將內部拌勻，攪拌至液態轉變為果凍狀，挖起凝膠不會落下的樣子時，就可以停止攪拌。

3 → 均勻後添加維他命E

滴入維他命E後再將充分拌勻約1分鐘，就可以馬上敷抹，記得使用前要先在手臂內側做過敏測試，五分鐘後若無紅腫癢的反應即可繼續使用。

急救保濕・水潤能力加倍

香脂樹
高效保濕凝膠

香脂是由能散發出香味的灌木的切口所產生的樹脂，有淡淡樹木的香氣，**香脂樹萃取液具有保濕肌膚及收斂的功效，搭配維他命E能使水潤能力加倍**，在基礎保養後你可以擦上一層香脂樹保濕凝膠，除了早晚使用做為肌膚的保濕品，在秋冬季節特別乾燥時，也可以敷抹在臉上停留5分鐘，作為急救保濕面膜。

3 步驟 ▶▶▶ 做保濕凝膠
Step by Step

1 → **將材料放入瓶罐中**

將配方中的凝膠形成劑、純水、香脂樹萃取液依照份量，準確測量後放入瓶罐裡，用小型攪拌器充分攪拌，使凝膠形成劑與純水、萃取液能完全混合。

2 → **不停攪拌至凝膠狀**

不停攪拌約5～10分鐘，材料會慢慢轉變為凝膠狀時，就可以停止攪拌，你可以試著挖起一些凝膠，當拉起凝膠不會落下時，代表已均勻攪拌完成。

3 → **添加裝瓶**

最後在凝膠中滴入一滴維他命E，可以延長凝膠的保存期限，加入後再將內部充分拌勻約1分鐘即可以裝瓶，建議選擇透明玻璃的罐子，質感又美觀。

配方

凝膠形成劑5g
純水（冷）30ml
香脂樹萃取液10m
水溶性維他命E油1滴

緊緻毛孔 · 活化美白肌膚

小黃瓜
嫩膚收斂凝膠

Memo

適用膚質：所有肌膚	
成本：36元／45ml	
保存期限：請於7天內使用完畢，若至於冰箱冷藏可存放三個月。	
保存方法：置於陰涼乾燥處存放。	

小黃瓜富含天然植物精華及維生素C，美白功效極優，小黃瓜籽中的豐富維他命E，可以延緩肌膚的老化，製作成凝膠不含油脂成分，質地清爽水嫩，可以收斂粗大的毛細孔，**小黃瓜泥帶有小顆粒，輕輕按摩臉部還有去角質的功效**，敷抹後可以用面紙擦拭或是以清水洗淨，可促進肌膚吸收保濕成分。

配方

凝膠形成劑5g
純水（冷）30ml
小黃瓜泥10m
水溶性維他命E油1滴

3 步驟 ▶▶▶ 做保濕凝膠
S t e p   b y   S t e p

1 → **將小黃瓜打成泥**

混合前先將小黃瓜打成泥狀，將凝膠形成劑、純水、小黃瓜泥依照配方的份量放入瓶子裡，用小型攪拌器充分將內部拌勻。

2 → **不停攪拌**

不停的均勻攪拌約，讓原本的液態形成果凍狀，直到挖起凝膠不會落下的樣子，就可以停止攪拌。

3 → **裝瓶冷藏**

最後在凝膠中加入維他命E，可以抗氧化及延長保存期限，加入後再將內部充分拌勻約1分鐘，攪拌至形成透明凝膠狀即能裝瓶使用，使用前先冷藏於冰箱，可以使肌膚更加鎮靜清爽。

保濕煥顏‧改善敏感膚質

水田芥
無油潤澤凝露

Memo

適用膚質：所有肌膚

成本：41元／45ml

保存期限：請於7天內使用完畢，如置於冰箱冷藏最多可保存三個月。

保存方法：置於陰涼乾燥處存放。

長期待在冷氣房或是冬天乾冷時，肌膚很容易乾燥脫皮，你可以自製水田芥凝露，水田芥又名「水甕菜」，蘊含維生素A、C，具有美白、鎮定的功效，塗抹後能改善乾燥、敏感的膚質，使用後感受清涼舒爽，**也可以當作睡前晚安凍膜**，天然的水田芥草本配方，能深層導入水分，使肌膚亮晰細緻。

3 步驟 ▶▶▶ 做保濕凝膠
Step by Step

配方

凝膠形成劑5g
純水（冷）30ml
水田芥萃取液10m
水溶性維他命E油1滴

1 → 充分攪拌材料

準備一個罐子，將凝膠形成劑、純水、水田芥萃取液依照配方的份量放入，用攪拌器攪至果凍狀，不建議蓋上蓋子搖晃，因為凝膠形成劑質地已是屬於半固態，因此蓋上蓋子搖晃後的效果並不大。

2 → 攪拌至凝膠狀

用小型攪拌棒均勻攪拌約5～10分鐘，直到挖起凝膠不會落下的樣子，就可以停止攪拌，你也可以使用電動攪拌器，能加速凝膠形成，縮短攪拌時間。

3 → 添加裝瓶

加入維他命E再將充分拌勻約1分鐘，攪拌至形成透明凝膠狀即可裝瓶，平日可以濕敷於臉部保養，或是上妝前塗抹都能達到保濕柔嫩的效果。

Wrinkle Treatment Cream

精華霜

小細紋 Bye Bye
再現青春緊緻臉龐

[精華霜＝植物油＋冷作型乳化劑 ＋蒸餾水／純水＋精油]

擁有青春無瑕的容顏是女性們的夢想，隨著年齡的增長，小細紋及斑點漸漸浮現，那麼你可以自製精華霜，**提前抵擋老化的到來**，針對每一個肌膚問題如：黑眼圈、細紋、斑點、粗糙毛孔等，添加了不同功效的精油或萃取液，來修護緊緻肌膚，呈現煥顏光采。

用「冷製法」來製作精華霜，操作簡單，**油脂的養分不容易流失，精華配方能完全滲透進肌膚裡**，蒸餾水的水質純淨，不含任何礦物質及雜菌，做出的精華霜質純穩定，蒸餾水在超市都能購買到，如果買不到蒸餾水，用純水替代也可以有一樣的效果。

使用方式

清潔臉部後，取適量的精華霜（約一顆花生大小），塗抹在重點部位如眼周、額頭、頸部等需要加強修護的地方，你可以運用指腹輕拍按摩，不要太過用力，以免拉扯到肌膚，而造成皺紋出而造成反效果。

▲ 運用無名指及中指的指腹，以畫圓的手勢在臉頰部位大幅度的按摩，大約來回3次。

3 步驟做精華霜
Step by Step

1 → **秤量所有材料**

將植物油、乳化劑、蒸餾水、萃取液依照配方中的份量一一倒入瓶罐中。

2 → **不停搖晃**

蓋上瓶蓋不停搖晃至聽不到水聲，打開蓋子再用攪拌棒將內部充分混合，當拉起攪拌棒，至精華霜形成Cream狀，不會落下的狀態時即可停止。

3 → **滴入精油**

最後滴入適當的精油，再用小型攪拌棒攪拌約1分鐘即完成，可以馬上使用。

Rosehip Neck Cream

淡化皺紋・美化頸部線條

玫瑰果
美頸
抗皺霜

頸部是最容易看出年齡的部位，這一款精華霜加入了能抗老化、除皺去疤的玫瑰果油，能使肌膚回覆柔軟細嫩，快速的使細胞再生，平時可以當作一般乳液使用，針對頸紋的困擾，你可以**塗抹於頸部後，由下往上提拉按摩**，能深度保養易老的頸部，搭配花梨木精油，可以增加肌膚的光澤，質地細緻不油膩，很適合中乾性、老化肌膚使用。

Memo	
適用膚質：乾燥、老化肌膚	
成本：19元／39ml	
保存期限：請於7天內使用完畢，若至於冰箱冷藏可存放三個月。	
保存方法：置於陰涼乾燥處存放。	

配方 玫瑰果油4cc、冷作型乳化劑8滴、小麥胚芽油8滴、蒸餾水34cc、花梨木精油8滴

3 步驟 ▶▶▶ 做精華霜
Step by Step

1 → 加入油脂及乳化劑

將玫瑰果油、冷作型乳化劑、小麥胚芽油、蒸餾水依照配方中的份量一一倒入瓶罐中，若配方中有精油，先不要於第一個步驟加入，待完全均勻混合後再加入精油。

2 → 蓋上蓋子搖晃

蓋上瓶蓋不停搖晃至沒有水聲，如果搖晃了1分鐘還是有水聲，可以再滴1～2滴的乳化劑，當拉起攪拌棒，至精華霜形成Cream狀，不會落下的狀態時即可停止。

3 → 添加精油攪拌

最後滴入花梨木精油，再用小型攪拌棒攪拌約1分鐘即完成，可以馬上使用。

Note

• 如何讓臉部線條更緊緻？

塗抹保養品時，搭配適當的手部按摩，可以讓臉部線條更緊緻、紅潤，保養品也能被皮膚完全吸收，達到雙管齊下的功效，臉部肌膚非常脆弱，所以按摩時要注意按摩力道應輕柔，不要太用力粗魯的拍扭肌膚，以免產生小細紋。
按摩時機建議在晚上沐浴後進行最恰當，每週二次，乾性、敏感性肌膚建議每次按摩時間約5分鐘，中性肌膚約10分鐘，油性肌膚約15分鐘。

▲ 塗抹的時候由內往外慢慢的按摩，頸脖的部位特別加強，由下往上的將精華霜推開，讓線條更緊緻。

清爽收斂 · 改善浮腫黑眼圈

鼠尾草
黑眼圈淡化霜

Memo

適用膚質：所有肌膚	
成本：15元／39ml	
保存期限：請於一個月內使用完畢，若至於冰箱冷藏可存放三個月。	
保存方法：置於陰涼乾燥處存放。	

快樂鼠尾草精油具有極佳的鎮定效果，可以消除浮腫的眼袋，搭配金縷梅萃取液，能夠抑制靜脈血管曲張，收斂粉刺及紅腫的面皰，**減緩黑眼圈的情形，淡化眼周小細紋，使疲憊的雙眼再顯活力**，早晚清潔皮膚後，於化妝水之後、乳液前使用，擦起來清爽不刺激，油性肌膚或過敏肌都很適用。

配方

榛果油8ml
純水30ml
小麥胚芽油4滴
金縷梅萃取液5滴
簡易乳化劑8滴
快樂鼠尾草精油6滴

▲ 洗完臉後，先上一層基礎保養，取適量的黑眼圈淡化霜（一邊眼睛約一顆花生大小），塗抹於眼部周圍，輕拍讓精華霜完全滲透，吸收效果更好。

3 步驟 ▶▶▶ 做精華霜
Step by Step

1 → 秤量配方材料

將榛果油、純水、小麥胚芽油、金縷梅萃取液 、簡易乳化劑依照配方中的份量一一倒入瓶罐中，待完全均勻混合後再加入精油。

2 → 上下左右搖晃

蓋上瓶蓋不停搖晃至沒有水聲，使乳化劑及油脂能夠完全混合，打開蓋子再用攪拌棒將內部充分混合，當拉起攪拌棒，至精華霜形成Cream狀時即可停止攪拌。

3 → 加入精油增添功效

最後滴入快樂鼠尾草精油，再用小型攪拌棒攪拌約1分鐘即完成，可以馬上使用。

修復抗敏 · 撫平皺紋斑點

金盞花
極緻淡斑霜

金盞花浸泡油具有「最佳抗炎性藥草油」的美名，修護皮膚組織的細胞效果極優，能給予肌膚滋養保濕、**淡化痘疤**、**撫平粗大的毛細孔**，**使肌膚細緻淨白**，**恢復彈性**，將乾燥金盞花浸泡於植物油中就能取得浸泡油，搭配苦橙精油能修復乾燥、濕疹、青春痘等肌膚問題，擦在皺紋部位，輕拍使保養品滲透，能幫助快速且有效的吸收。

3 步驟 ▶▶▶ 做精華霜
Step by Step

配方
金盞花浸泡油10cc
蒸餾水34cc
冷作型乳化劑8滴
小麥胚芽油8滴
苦橙精油8滴

1 → 將油脂倒入瓶中

將金盞花浸泡油、蒸餾水、冷作型乳化劑、小麥胚芽油依照配方中的份量一一倒入瓶罐中，若配方中有精油，先不要於第一個步驟加入。

2 → 搖晃至無水聲

不停搖晃至沒有水聲，如果搖晃了1分鐘還是有水聲，可以再滴1～2滴的乳化劑，搖至沒有水聲時，打開蓋子再用攪拌棒將內部充分混合。

3 → 倒入添加物

最後滴入苦橙精油加強精華霜的功效，將罐子內部充分攪拌即完成，使用前記得先在手臂內側做過敏測試，過五分鐘後若無紅腫癢的情況，就可以繼續使用了。

87

水嫩美白・懶女人必備

花梨木
美白活膚霜

針對懶女人保養，如果你想要擁有一罐精華霜能一次搞定全部的保養程序，那麼你可以自製花梨木美白活膚霜，**花梨木能有效使臉上的小細紋淡化**，改善乾燥發癢、黑色素沉澱的問題，使**肌膚白嫩有光澤**，葡萄籽油的滋養成分，能使肌膚充分吸收，平時能夠當作保濕乳液，也可以在夜間特別修護，創造美白潔淨的肌膚。

配方

葡萄籽油8cc
冷作型乳化劑8滴
蒸餾水34cc
小麥胚芽油8滴
花梨木精油8滴

3 步驟 ▶ ▶ ▶ 做精華霜
Step by Step

1 → 測量所有材料
選一個喜愛的瓶罐，建議選擇玻璃材質的乳霜罐，將葡萄籽油、冷作型乳化劑、蒸餾水、小麥胚芽油依照配方中的份量一一倒入罐中。

2 → 上下不停搖晃
將乳霜蓋子蓋上，上下不停的搖晃至聽不到水聲，讓油脂及乳化劑完全混合，瓶罐要注意蓋緊，以免搖晃時材料流出。

3 → 滴入精油
最後滴入苦橙精油，能活化老化的肌膚，用小型攪拌棒或木質攪拌棒都可以，均勻攪拌內部約1分鐘即可以使用。

細緻修復・打造細嫩膚質

紫根
收斂毛孔精華

紫根萃取液是由紫草的根部所提煉出的植物精華，能促進肌膚細胞再生，**長時間的飽水滋潤，使角質正常代謝**，搭配小麥胚芽油富含高量的維生素E，是一種天然的抗氧化劑，具有去疤、活化的功效，玫瑰草精油能**收斂粗大的毛細孔，細緻修復**，擺脫黑斑、疤痕、濕疹等問題肌膚，打造細嫩白皙的好膚質。

3 步驟 ▶▶▶ 做精華霜
Step by Step

配方

1 → **倒入所需油脂**

將紫根萃取液、蒸餾水、小麥胚芽油、冷作型乳化劑依照配方中的份量倒入瓶罐中，若配方中有精油，先不要於第一個步驟加入，待完全均勻混合後再加入精油。

2 → **不停混合搖晃**

搖至沒有水聲時，打開蓋子再用攪拌棒將內部充分混合，當拉起攪拌棒，至精華霜形成Cream狀，不會落下的狀態時即可。

3 → **記得做敏感測試**

在精華霜中滴入玫瑰精油，用小型攪拌棒攪拌約1分鐘，精華霜即完成，因每個人的膚質不同，使用前請記得先在手臂內側做敏感測試。

紫根萃取液8滴
蒸餾水34cc
小麥胚芽油15cc
冷作型乳化劑8滴
玫瑰精油8滴

▲ 用雙手包圍臉頰，讓雙手的溫度將保養成分更推進肌膚的裡層，使臉部線條更加緊緻，達到小臉的效果。

PART 3

手工皂基礎教室

親手DIY貼身手工皂，
是潔膚美肌最安心的方式，
本單元除了有材料及工具的詳盡解說，
還要教你獨門打皂技巧及製皂公式，
成功做出專屬於自己的美肌手工皂。

≫ DIY美肌貼身皂，100%零負擔的安心滋潤

市售香皂因為需要大量生產或是延長保存期限，可能會加入弱酸性中和劑、防腐劑等化學成分，無形之中會造成肌膚的負擔，因此親手DIY貼身手工皂，無疑是清潔肌膚最好的方式，不論滋潤度、保濕度、清潔度都可以給予肌膚最天然的感受。

手工皂有高含25%以上的天然甘油，在保養肌膚方面是不可缺少的天然保濕配方，用對了油脂的調配比例做出保養級的手工皂，不但能改善問題或過敏肌膚，對肌膚也十分的溫和，可以調理出健康的肌膚，使用起來也非常安心。

製皂公式及材料選擇

油脂　　　　　　氫氧化納　　　　　水　　　　　　精油　　　　　美肌手工皂完成！

油脂

油脂決定手工皂的特性和質感，不同的油脂達到Trace（濃稠狀）所需的時間也不一樣。可依個人喜好及需求，決定配方中各種油脂的份，昂貴的油脂通常拿來做「超脂」，所謂超脂就是在Trace後加入少量的油脂，可以加強手工皂成品的滋潤度，只需要一點點的份量就能有很好的效果。（詳細的油脂介紹請見P.11）

≫ 三種基礎植物油・決定手工皂的特性

使用「冷製法」來製作手工皂，在全程低於50℃的溫度下製作，可以保留對人體有益的養分及功效，製作手工皂最基本的三種油脂，有橄欖油、椰子油、棕櫚油，橄欖油能提供手工皂滋潤，所佔的總油量越高，滋潤度越高，常常用來製作馬賽皂或是100%橄欖手工皂，很適合乾性肌膚或嬰兒肌膚使用；椰子油則提供手工皂的起泡度，泡沫產生後就會產生清潔力，所以椰子油的成分越高，清潔力越強，適合油性肌膚的人使用，也常常用來製作家事皂；而棕櫚油則是提供手工皂硬度，手工皂有了硬度，在使用時就不容易溶於水，使用壽命也相對會拉長。

氫氧化鈉

氫氧化鈉通常有粒狀、薄片狀或是粉狀等三種型態呈現，白色無臭。在乾燥狀態下接觸到皮膚稍微會發癢，遇到水分則會產生熱量並具有腐蝕性，會溶解蛋白質或其他不耐熱的材料。在製作手工皂時，只要用油脂的皂化價及油重就可以計算出氫氧化鈉的用量，但要小心氫氧化鈉如果不當使用具有危險性，因此在操作上需特別小心，容易取得可至化工材料行購買。

氫氧化鈉用量怎麼算？ （A油用量×A油皂化價）＋（B油用量×B油皂化價）＋……

舉例說明　以以配方為椰子油90g、棕櫚油50g、橄欖油360g（總油重為500g）為例，依照公式及表格所計算出的氫氧化鈉用量為：（椰子油90g×0.19椰子油皂化價）＋（棕櫚油50g×0.141棕櫚油皂化價）＋（橄欖油360g×0.134橄欖油皂化價）＝72.39 →可四捨五入為72g

油品的氫氧化鈉皂化價一覽表

椰子油	0.19	乳油木果脂	0.128	小麥胚芽油	0.131	澳洲胡桃油	0.139
米糠油	0.1280	紅花油	0.136	玉米油	0.136	夏威夷核果油	0.135
玫瑰籽油	0.1378	葵花籽油	0.134	橄欖油	0.134	榛果油	0.1356
南瓜籽油	0.133	杏核桃仁油	0.1353	棕櫚油	0.141	荷荷芭油	0.069
葡萄籽油	0.1265	月見草油	0.1357	甜杏仁油	0.136	山茶花油	0.1362
酪梨油	0.1339	蜂蠟、蜜蠟	0.069	琉璃苣油	0.1357	芥花油	0.1324
蓖麻油	0.1286	大豆油	0.135	可可脂	0.137		

水

用來融解氧氧化鈉製作成鹼液，鹼液與油脂混合後會油脂凝固製作成手工皂，除了自來水來融鹼之外，你也可以使用蒸餾水或純水。

水的用量怎麼算？ 氫氧化鈉用量×2～2.5倍

舉例說明　以前例來說：氫氧化鈉用量為72g，乘上2倍約為144，也就是說要用144g的水來融解氫氧化鈉。

精油／香精

在手工皂加入精油，除了在功效上有加承的作用，還可增加手工皂的保存期限約3個月～5個月，（詳細的精油說明請見P.13）除此之外你也可以加入香精，讓手工皂提昇香氣，增加心情的愉悅。

精油的用量怎麼算？ 總油重×1%～2%

舉例說明　如果總油重為500g，那麼將500×2%＝10，也就是說你可以添加10ml的精油（1ml的精油約為30滴），如果一個配方中添加多款精油或香精，那麼你可以將每種精油或香精的用量縮減為1%。

添加物

親手DIY手工皂的樂趣，就是你可以依照自己的喜好及需求，加入讓手工皂增添功效的材料，例如：乾燥的花草、水果食材、植物研磨粉、天然礦土等，許多意想不到的食材，都是可以入皂的好材料，例如芥茉可以清除毛細孔裡的污垢及收縮毛細孔，讓皮膚更平滑及有光澤或是加入富含高營養成份的油脂，在皂液Trace後加入，攪拌均勻後入模即可，你也可以在製作過程中發現不同的驚喜。

≫ 製皂工具比一比

●**電子秤** 測量油脂及氫氧化鈉，請選擇單位為g的電子秤，能精準測量出材料的正確用量。

●**不鏽鋼鍋** 打皂時用來混合氫氧化鈉及油脂，建議選擇較大有深度的鍋子，才有充分的空間來混合攪拌。

●**溫度計2支** 氫氧化鈉溶解時約會產生80℃～90℃的高溫，因此請選擇測量溫度可達150℃的溫度計，一隻用來測量油脂溫度，一支用來攪拌溶解氫氧化鈉及測量鹼液的溫度。

●**PP塑膠量杯2個** PP材質可以耐高溫耐酸鹼，一個用來測量水的用量，一個用來測量氫氧化鈉的用量及製作鹼液。

●**打蛋器** 選用不銹鋼材質的打蛋器，不可選擇木質的器具攪拌，以免工具腐蝕。

●**刮勺** 皂液入模後，鍋中會有殘留的皂液，為了不浪費我們使用刮勺來刮下鍋中殘留的皂液。

●**菜刀** 選擇大支菜刀來切脫模後的手工皂，記得要小心收納不要和食用的菜刀混在一起。

●**保麗龍箱、毛巾** 用來保溫入模完成的皂液，可使皂液持續皂化，如果沒有保麗龍箱，也可以用毛巾包覆住減緩溫度的流失。

●**圍裙、口罩、手套** 氫氧化鈉屬於強鹼，製皂過程中需穿戴圍裙及口罩、手套，做好防護措施，以免吸入刺激氣體或皂液濺出，造成衣服或皮膚損害。

●**各種模具** 牛奶紙盒是最方便、也最環保的模具，你也可以購買耐高溫的PVC保鮮盒來當做入皂模具，可以重覆使用。

製作鹼液

1 **測量氫氧化鈉** 用電子秤準確測量氫氧化鈉的用量，將氫氧化鈉倒入不鏽鋼量杯中。

2 **測量水的用量** 依照配方，用電子秤測量出溶解氫氧化鈉的水量。

3 **混合水和氫氧化鈉** 到空曠通風處，將水緩緩倒入與氫氧化鈉混合攪拌，用溫度攪拌均勻當氫氧化鈉完全溶解於水，變成透明的液體時，鹼液即完成。

4 **放在鍋中降溫** 將鹼液靜置使溫度降到70℃或是鹼液變成完全透明的液體時，可放入冷水盆中降溫，用溫度計攪拌使鹼液降溫的速度變快，注意若鹼液還是乳白色液體時，代表氫氧化鈉未完全溶解，不能直接放到冷水盆中降溫，須攪拌至完全透明才可進行降溫。

> **TIPS**
>
> • **製作氫氧化鈉鹼液注意事項！**
> 1 請戴口罩、手套、圍裙、護目鏡並盡量把身體保護好。
> 2 製皂地方請鋪上報紙或塑膠墊以保護家俱。
> 3 若不小心觸碰到氫氧化鈉或皂液請趕快用大量清水沖洗乾淨。
> 4 製作器具請使用玻璃或是不鏽鋼製品，不可使用一般塑膠、鋁、鐵、銅等可能會被氫氧化鈉腐蝕的製品。尤其要與製作食物之器具分開使用。
> 5 製作鹼液會產生白色刺鼻氣體，請在通風良好的環境混合，以免吸入造成身體不適。

測量油脂

5 **測量油脂** 等待鹼水降溫的過程中，可以開始秤量油脂，如果配方中有固態油脂如可可脂，則先測量固態油脂，將油脂倒入鍋中。

6 **分開測量** 準確測量每種油脂後倒入鍋中；建議用小量杯分開測量每種油脂，再一一倒入，避免一起秤量時發生誤差而無法挽救的狀況。

7 **隔水加熱** 油脂都秤量好之後，將油脂隔水加熱升溫至50℃。

混合油脂與鹼液

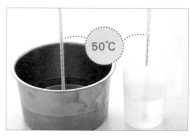

8 **測量溫度** 測量鹼液與油脂溫度，當兩者都在50℃時即可倒入混合。

9 **倒入鹼液** 將鹼液慢慢倒入油脂中，打皂時打蛋器不要碰到鍋子的邊緣，在正中心打皂，可以讓油水均勻混合，不斷的攪拌讓皂液讓鹼液充分混合，不要有油水分離的狀態。

10 **攪拌10分鐘** 攪拌約10分鐘後，皂液會由混濁狀變至反白的狀態，這時可先靜置5分鐘，觀察有沒有油水分離的情形，手工皂因配方的不同，所需攪拌的時間也不同，大致上攪皂時間約為20～30分鐘。

11 **持續攪拌** 靜置5分鐘後，如果有油水分離的情形，需再繼續攪拌約10分鐘，至皂液攪拌至濃稠（Trace），完全均勻混合即可停止攪拌。

12 **隔水加溫** 皂液攪拌至Trace後，此時皂液溫度約為40℃左右，若低於40℃，可稍微將皂液隔水加熱，讓皂液回溫至40～45℃，主要目的是要讓皂液有足夠的溫度可以持續皂化。

TIPS

• 獨門打皂技巧

因每種油脂的特性不同，每種配方的組合也不一，所以打皂時間平均約在20分鐘～1個小時不等，如橄欖油等軟油，滋潤的油脂比較多時，成皂速度比較慢，需要皂化的時間較長，因此打皂時間會拉長，反之，如果椰子油、棕櫚油等硬油的比例較多，皂化所需的時間越短，因此打皂的技巧為：攪拌10分鐘後→靜置5分鐘觀察有沒有油水分離的狀況→再打10分鐘→再靜置五分鐘觀察→再攪拌10分鐘→……，一直到皂液沒有油水分離的現象時，即可以停止攪拌。

13 **加入精油或花草** 加溫完成後，即可以依配方放入添加物如精油、花草、香精等，慢慢的分三次加入，攪拌約2～3分鐘後即可入模。

14 **入模** 將完成的皂液慢慢的倒入模具中。

15 **使用刮勺** 將鍋中殘餘的皂液，用刮勺集中一起倒入模具中。

TIPS

• 入模小技巧

將皂液倒入模具中後，可以輕敲模具約30秒，讓皂液中的空氣慢慢排出，作出的手工皂切面就不容易產生小氣泡，能讓手工皂成品更完美喔！

16 **保溫** 將蓋子蓋上用毛巾包覆好，放進保麗龍箱保溫24小時，使皂液能持續皂化，或是用毛毯包住，也有同樣的效果。

切皂

17 **脫模切皂** 保溫24小時之後即可脫模，如果手工皂軟黏不好脫模，可以再等幾天，脫模後即可開始切皂，雙手將刀子對準要切的大小後下刀，用手腕的力量一前一後的慢慢的往下切，手工皂就可以切的很工整，不會有大小不一歪斜的狀況。

18 **晾皂** 將手工皂靜置於乾燥通風處，待等待30～45日使手工皂完全熟成後，即可開始使用。

PART 4

美肌
貼身皂
全呵護

你是否製作過許多的手工皂，
但總是調配不出最好用的配方？
本單元針對各種膚質需求，
收錄20款頂級美膚手工皂配方，
改善惱人的問題肌膚，
揮別膚色暗沉，再現紅潤好氣色，

Olive
Soap

長效滋潤・幫肌膚保濕鎖水

經典百合
馬賽皂

配方

油脂
椰子油　　　90g
棕櫚油　　　50g
橄欖油　　　360g

總油重500g

氫氧化鈉鹼液
氫氧化鈉　　72g
純水　　　　109ml

添加物
香水百合香精10ml

馬賽皂的品質及功效極優，可說是皂中之王，由於橄欖油成份高達72%，滋潤度和保濕度也相對的提高，**洗完後就像是上了一層乳霜般的滋潤，兼具起泡度及清潔力，適合各種膚質使用**，能在肌膚表面形成透氣保護膜，不讓水分流失在清潔肌膚的同時，給予肌膚長效的滋潤，特別適合乾性肌膚及容易冬季癢的膚質，馬賽皂就是最好的選擇。

Memo

潔顏：所有肌膚
沐浴：✔ 適合
洗髮：✘ 不適合

作 法 *Step by Step*

A → 準備油鹼

1 製作鹼液——到空曠通風處，將測量好的氫氧化鈉與純水混合，充分攪拌後靜置使鹼液溫度降至50℃。

2 加熱油脂——將所有油脂秤量好倒入鍋中，並將油脂升溫至50℃。

B → 打皂混合

3 攪拌10分鐘——等鹼液與油脂的溫度都在50℃時，即可將鹼液慢慢倒入，不斷的攪拌均勻，攪拌約10分鐘後，靜置5分鐘觀察是否有油水分離的狀況，

4 再打10分鐘——如果有油水分離的狀況，繼續再打皂10分鐘，待皂液呈現濃稠美奶滋，完全均勻混合時，即可以停止攪拌。

5 隔水加溫——此時的皂液溫度約為40℃左右，若皂液溫度低於40℃，可稍微將皂液隔水加熱，讓皂液回溫至40～45℃，讓皂液有足夠的溫度可以持續皂化。

6 加入添加物——滴入香水百合香精，均勻攪拌約三分鐘後即可入模。

C → 入模完成

7 入模保溫——攪拌均勻後就可以倒入模具中，並且放入保麗龍保溫24小時，使皂液能夠持續皂化，或是用毛毯包住，也有同樣的效果。

8 脫模——保溫24小時之後即可脫模，若手工皂呈現濕黏的狀態不好脫模，可以再多放2～3天再脫模。

9 切皂晾皂——脫模後風乾約2～3天即可切皂，將切好的手工皂靜置於陰涼通風處約30～45日，待手工皂完全熟成後即可使用。

Aloe
Soap

温和滋潤・舒緩不適感

芬多精靈
生理皂

配方

油脂
酪梨油　　100g
蘆薈油　　 50g
橄欖油　　200g
小麥胚芽油　50g
乳油木果脂100g

總油重500g

氫氧化鈉鹼液
氫氧化鈉　 66g
純水　　 198ml

添加物
去皮蘆薈　 50g
蘆薈萃取液 10ml

這款配方是特別針對女性生理期所設計的手工皂，因此不添加任何精油，添加溫潤的蘆薈，蘆薈具有殺菌、消炎、消腫止痛的功效，能調節皮脂分泌，使肌膚細膩有彈性，蘆薈萃取液液的酸鹼值與人體皮膚相近，所以營養成分很容易就滲透於皮膚，吸收其維他命及礦物質，也能防止黑色素產生，**洗後能舒緩生理期的不適感，使心情愉悅放鬆。**

Memo

潔顏：所有肌膚
沐浴：✓適合
洗髮：✗不適合

作　法 *Step by Step*

A → 準備油鹼

1 製作鹼液——到空曠通風處，將測量好的氫氧化鈉與純水混合，充分攪拌後靜置使鹼液溫度降至50℃。

2 加熱油脂——將所有油脂秤量好倒入鍋中，並將油脂升溫至50℃。

B → 打皂混合

3 攪拌10分鐘——等鹼液與油脂的溫度都在50℃時，即可將鹼液慢慢倒入，不斷的攪拌均勻，攪拌約10分鐘後，靜置5分鐘觀察是否有油水分離的狀況，

4 再打10分鐘——如果有油水分離的狀況，繼續再打皂10分鐘，待皂液呈現濃稠美奶滋，完全均勻混合時，即可以停止攪拌。

5 隔水加溫——此時的皂液溫度約為40℃左右，若皂液溫度低於40℃，可稍微將皂液隔水加熱，讓皂液回溫至40～45℃，讓皂液有足夠的溫度可以持續皂化。

6 加入添加物——倒入蘆薈萃取液，接著將去皮蘆薈切碎放入，均勻攪拌約三分鐘後即可入模。

C → 入模完成

7 入模保溫——攪拌均勻後就可以倒入模具中，並且放入保麗龍保溫24小時，使皂液能夠持續皂化，或是用毛毯包住，也有同樣的效果。

8 脫模——保溫24小時之後即可脫模，若手工皂呈現濕黏的狀態不好脫模，可以再多放2～3天再脫模。

9 切皂晾皂——脫模後風乾約2～3天即可切皂，將切好的手工皂靜置於陰涼通風處約30～45日，待手工皂完全熟成後即可使用。

Rosewood
Soap

配方

油脂
椰子油	75g
棕櫚油	100g
橄欖油	200g
甜杏仁油	75g
荷荷芭油	50g

總油重500g

氫氧化鈉鹼液
| 氫氧化鈉 | 69g |
| 純水 | 138ml |

添加物
薰衣草精油	5ml
花梨木精油	10ml
白麝香精	5ml
玉蘭花香精	5ml

淡雅香氛・提升保濕感

花梨木
頂級修護皂

花梨木精油質純溫和，沒有刺激性，能增加肌膚的光澤、預防皺紋產生及老化，很適合乾燥、敏感性肌膚使用，可以得到良好的保濕滋潤效果，薰衣草精油則能淡化痘痘疤痕，搭配白麝及玉蘭花香精，**擁有清雅的怡人香氛，按摩洗臉的同時，就好像在作一場頂級的SPA**，不僅能提升洗後的保濕感，還能讓肌膚得到全方位的照顧。

Memo
潔顏：乾性敏感、
　　　問題性肌膚
沐浴：✓ 適合
洗髮：✗ 不適合

作　法 *Step by Step*

A → 準備油鹼

1　製作鹼液──到到空曠通風處，將測量好的氫氧化鈉與純水混合，充分攪拌後靜置使鹼液溫度降至50℃。

2　加熱油脂──將所有油脂秤量好倒入鍋中，並將油脂升溫至50℃。

B → 打皂混合

3　攪拌10分鐘──等鹼液與油脂的溫度都在50℃時，即可將鹼液慢慢倒入，不斷的攪拌均勻，攪拌約10分鐘後，靜置5分鐘觀察是否有油水分離的狀況。

4　再打10分鐘──如果有油水分離的狀況，繼續再打皂10分鐘，待皂液呈現濃稠美奶滋，完全均勻混合時，即可以停止攪拌。

5　隔水加溫──此時的皂液溫度約為40℃左右，若皂液溫度低於40℃，可稍微將皂液隔水加熱，讓皂液回溫至40～45℃，讓皂液有足夠的溫度可以持續皂化。

6　加入添加物──接著加入精油及香精，白麝香可能會使皂化速度加快，所以在最後時才加入，加入後盡快入模，以防入模時產生堆疊效果，均勻攪拌約三分鐘後即可入模。

C → 入模完成

7　入模保溫──攪拌均勻後就可以倒入模具中，並且放入保麗龍箱保溫24小時，使皂液能夠持續皂化，或是用毛毯包住，也有同樣的效果。

8　脫模──保溫24小時之後即可脫模，若手工皂呈現濕黏的狀態不好脫模，可以再多放2～3天再脫模。

9　切皂晾皂──脫模後風乾約2～3天即可切皂，將切好的手工皂靜置於陰涼通風處約30～45日，待手工皂完全熟成後即可使用。

柔細嫩白・完美起泡力

甜橙柔膚
美白皂

配方

油脂
椰子油	75g
乳油木果脂	50g
橄欖油	250g
荷荷芭油	25g
棕櫚油	100g

總油重500g

氫氧化鈉鹼液
氫氧化鈉	75g
純水	150ml

添加物
甜橙精油	5ml
薄荷精油	5ml
苦橙精油	5ml

甜橙精油及苦橙精油可以使肌膚溫和美白，改善蠟黃暗沉的皮膚，平衡油脂分泌再現柔細嫩白，薄荷精油能讓手工皂有清涼香氣，**帶給肌膚清爽且排除多餘的水分，消除水腫現象，洗感涼爽不油膩**，具有良好的護膚及保濕功能，一般、乾性、油性肌膚都能使用，搭配洗臉海棉搓揉，能產生豐厚立體的泡泡，洗後舒適不緊繃，也有輕微的去角質功效。

Memo

潔顏：所有肌膚
沐浴：✔適合
洗髮：✘不適合

作 法 Step by Step

A → 準備油鹼

1 製作鹼液——到空曠通風處，將測量好的氫氧化鈉與純水混合，充分攪拌後靜置使鹼液溫度降至50℃。

2 加熱油脂——將所有油脂秤量好倒入鍋中，並將油脂升溫至50℃。

B → 打皂混合

3 攪拌10分鐘——等鹼液與油脂的溫度都在50℃時，即可將鹼液慢慢倒入，不斷的攪拌均勻，攪拌約10分鐘後，靜置5分鐘觀察是否有油水分離的狀況。

4 再打10分鐘——如果有油水分離的狀況，繼續再打皂10分鐘，待皂液呈現濃稠美奶滋，完全均勻混合時，即可以停止攪拌。

5 隔水加溫——此時的皂液溫度約為40℃左右，若皂液溫度低於40℃，可稍微將皂液隔水加熱，讓皂液回溫至40～45℃，讓皂液有足夠的溫度可以持續皂化。

6 加入添加物——將精油分三次倒入，均勻攪拌約三分鐘後即可入模。

C → 入模完成

7 入模保溫——攪拌均勻後就可以倒入模具中，並且放入保麗龍保溫24小時，使皂液能夠持續皂化，或是用毛毯包住，也有同樣的效果。

8 脫模——保溫24小時之後即可脫模，若手工皂呈現濕黏的狀態不好脫模，可以再多放2～3天再脫模。

9 切皂晾皂——脫模後風乾約2～3天即可切皂，將切好的手工皂靜置於陰涼通風處約30～45日，待手工皂完全熟成後即可使用。

Camellia
Oil

減少落髮・烏黑亮麗髮絲

椿油草本
洗髮皂

配方

油脂

山茶花油	150g
橄欖油	150g
蓖麻油	50g
椰子油	150g

總油重500g

氫氧化鈉鹼液

氫氧化鈉	76g
純水	190ml

添加物

山雞椒精油	15ml
肉桂精油	5ml
松木精油	5ml

椿油就是俗稱的「山茶花油」，入皂後能迅速滲入皮脂及毛囊，提供多種營養，促進白髮變的濃黑，還可以清除皮膚污垢，淡化、抑制黑斑形成，增加生髮細胞及黑髮的再生活力，**長期使用可以使頭髮逐漸烏黑亮麗，減少落髮的現象，煥新老化毛髮**；還能修護受損髮質，有效改改善頭皮屑，使毛髮柔軟、有光澤。確實是一個不會有油膩感又極度滋潤的護髮聖品。

Memo

潔顏：✗ 不適合
沐浴：✔ 適合
洗髮：✔ 適合

作 法 Step by Step

A → 準備油鹼

1 製作鹼液——到空曠通風處，將測量好的氫氧化鈉與純水混合，充分攪拌後靜置使鹼液溫度降至50℃。

2 加熱油脂——將所有油脂秤量好倒入鍋中，並將油脂升溫至50℃。

B → 打皂混合

3 攪拌10分鐘——等鹼液與油脂的溫度都在50℃時，即可將鹼液慢慢倒入，不斷的攪拌均勻，攪拌約10分鐘後，靜置5分鐘觀察是否有油水分離的狀況，

4 再打10分鐘——如果有油水分離的狀況，繼續再打皂10分鐘，待皂液呈現濃稠美奶滋狀，完全均勻混合時，即可以停止攪拌。

5 隔水加溫——此時的皂液溫度約為40℃左右，若皂液溫度低於40℃，可稍微將皂液隔水加熱，讓皂液回溫至40～45℃，讓皂液有足夠的溫度可以持續皂化。

6 加入添加物——接著滴入精油，均勻攪拌約三分鐘後即可入模。

C → 入模完成

7 入模保溫——攪拌均勻後就可以倒入模具中，並且放入保麗龍保溫24小時，使皂液能夠持續皂化，或是用毛毯包住，也有同樣的效果。

8 脫模——保溫24小時之後即可脫模，若手工皂呈現濕黏的狀態不好脫模，可以再多放2～3天再脫模。

9 切皂晾皂——脫模後風乾約2～3天即可切皂，將切好的手工皂靜置於陰涼通風處約30～45日，待手工皂完全熟成後即可使用。

Shea
Butter

配方

油脂
金盞花浸泡油175g
椰子油　　25g
酪梨油　　100g
乳油木果脂200g

總油重500g

氫氧化鈉鹼液
氫氧化鈉　　67g
純水　　201ml

洗感溫和・呵護細緻肌膚

乳油木
嬰兒嫩膚皂

特別針對嬰幼兒設計的配方，因此不添加任何精油及萃取液，乳油木果脂能有效保濕及柔化肌膚，未精製的乳油木果脂養份高，質地像乳霜，可以直接塗抹在身體上，如果沒有未精製乳油木果脂，也可以用一般的乳油木果脂代替，**洗感溫和滋潤，天然無負擔，能讓細緻的肌膚受到最好的呵護**，也很適合乾性、敏感問題性肌膚的人使用，能改善粗糙脫皮的現象。

Memo

潔顏：所有肌膚
沐浴：✔ 適合
洗髮：✘ 不適合

作 法 *Step by Step*

A → **準備油鹼**

1 **製作鹼液**——到到空曠通風處，將測量好的氫氧化鈉與純水混合，充分攪拌後靜置使鹼液溫度降至50℃。

2 **加熱油脂**——將所有油脂秤量好倒入鍋中，並將油脂升溫至50℃。

B → **打皂混合**

3 **攪拌10分鐘**——等鹼液與油脂的溫度都在50℃時，即可將鹼液慢慢倒入，不斷的攪拌均勻，攪拌約10分鐘後，靜置5分鐘觀察是否有油水分離的狀況。

4 **再打10分鐘**——如果有油水分離的狀況，繼續再打皂10分鐘，待皂液呈現濃稠美奶滋，完全均勻混合時，即可以停止攪拌。

5 **隔水加溫**——此時的皂液溫度約為40℃左右，若皂液溫度低於40℃，可稍微將皂液隔水加熱，讓皂液回溫至40～45℃，讓皂液有足夠的溫度可以持續皂化，皂液加溫後即可以入模。

C → **入模完成**

6 **入模保溫**——攪拌均勻後就可以倒入模具中，並且放入保麗龍箱保溫24小時，使皂液能夠持續皂化，或是用毛毯包住，也有同樣的效果。

7 **脫模**——保溫24小時之後即可脫模，若手工皂呈現濕黏的狀態不好脫模，可以再多放2～3天再脫模。

8 **切皂晾皂**——脫模後風乾約2～3天即可切皂，將切好的手工皂靜置於陰涼通風處約30～45日，待手工皂完全熟成後即可使用。

温和潔膚・改善膚色不均

火山礦土
潔膚皂

配方

油脂

蜜蠟	10g
棕櫚油	100g
橄欖油	140g
椰子油	100g
葡萄籽油	50g
小麥胚芽油	50g
乳油木果脂	50g

總油重500g

氫氧化鈉鹼液

氫氧化鈉	72g
純水	180ml

添加物

羅勒精油	5ml
絲柏精油	15ml
火山礦土	2g

Clean
Soap

礦土的種類繁多，都擁有一個共同的特質，就是富含豐富的天然礦物質，經過海水沖刷的洗禮，礦土變得細緻光滑，入皂後能吸附多餘的油脂和髒汙，暢通阻塞的毛孔，去除老廢角質，讓肌膚組織更有彈性光澤，**搭配多款營養成分極高的植物油脂，能帶來溫和滋潤的潔膚作用**，添加羅勒及絲柏精油除了提供淡淡香氣之外，還可以撫平痘疤，改善不均勻的膚色。

Memo
潔顏：所有肌膚
沐浴：✓ 適合
洗髮：✗ 不適合

作 法 *Step by Step*

 → **準備油鹼**

1 **製作鹼液**——到空曠通風處，將測量好的氫氧化鈉與純水混合，充分攪拌後靜置使鹼液溫度降至50℃。

2 **加熱油脂**——將所有油脂秤量好倒入鍋中，並將油脂升溫至50℃。

B → **打皂混合**

3 **攪拌10分鐘**——等鹼液與油脂的溫度都在50℃時，即可將鹼液慢慢倒入，不斷的攪拌均勻，攪拌約10分鐘後，靜置5分鐘觀察是否有油水分離的狀況。

4 **再打10分鐘**——如果有油水分離的狀況，繼續再打皂10分鐘，待皂液呈現濃稠美奶滋，完全均勻混合時，即可以停止攪拌。

5 **隔水加溫**——此時的皂液溫度約為40℃左右，若皂液溫度低於40℃，可稍微將皂液隔水加熱，讓皂液回溫至40～45℃，讓皂液有足夠的溫度可以持續皂化。

6 **加入添加物**——接著加入精油及火山礦土，均勻攪拌約三分鐘後即可入模。

 → **入模完成**

7 **入模保溫**——攪拌均勻後就可以倒入模具中，並且放入保麗龍保溫24小時，使皂液能夠持續皂化，或是用毛毯包住，也有同樣的效果。

8 **脫模**——保溫24小時之後即可脫模，若手工皂呈現濕黏的狀態不好脫模，可以再多放2～3天再脫模。

9 **切皂晾皂**——脫模後風乾約2～3天即可切皂，將切好的手工皂靜置於陰涼通風處約30～45日，待手工皂完全熟成後即可使用。

極緻美白・提升透明感

人蔘靚白
洗顏皂

配方

油脂

橄欖油	150g
棕櫚油	100g
椰子油	100g
乳油木果脂	50g
玉米油	50g
酪梨油	50g
月見草油	50g
（超脂用）	

總油重500g

氫氧化鈉鹼液

氫氧化鈉	73g
純水	110ml

添加物

人蔘萃取液	10ml
天門冬粉	1g
薏仁粉	1g
白薇粉	1g
綠豆粉	2g

Ginseng
Soap

人蔘萃取液能保濕滋潤肌膚，搭配天門冬粉、薏仁粉、白蘞粉、綠豆粉四種珍貴中藥材，**細微的粉末能深層清潔毛孔，去除堆積在角質的污垢，達到極緻美白的功效**，針對容易暗沉的鼻頭、下顎處，可以加速淨化，提升肌膚的透明感，天然的草本配方還能抑制痘痘生長，維持健康膚質，也很適合乾性髮質使用，能促進頭髮生長。

Memo
潔顏：中性混合性
　　　熟齡肌膚
沐浴：✓適合
洗髮：乾性髮質

作 法 *Step by Step*

A → 準備油鹼

1 製作鹼液——到空曠通風處，將測量好的氫氧化鈉與純水混合，充分攪拌後靜置使鹼液溫度降至50℃。

2 加熱油脂——將所有油脂秤量好倒入鍋中，並將油脂升溫至50℃。

B → 打皂混合

3 攪拌10分鐘——等鹼液與油脂的溫度都在50℃時，即可將鹼液慢慢倒入，不斷的攪拌均勻，攪拌約10分鐘後，靜置5分鐘觀察是否有油水分離的狀況。

4 再打10分鐘——如果有油水分離的狀況，繼續再打皂10分鐘，待皂液呈現濃稠美奶滋，完全均勻混合時，即可以停止攪拌。

5 隔水加溫——此時的皂液溫度約為40℃左右，若皂液溫度低於40℃，可稍微將皂液隔水加熱，讓皂液回溫至40～45℃，讓皂液有足夠的溫度可以持續皂化。

6 加入添加物——接著將粉類慢慢倒入皂液中，接著將50g的月見草油倒入trace的皂液中作為超脂用，可提昇手工皂的功效，均勻攪拌約三分鐘後即可入模。

C → 入模完成

7 入模保溫——攪拌均勻後就可以倒入模具中，並且放入保麗龍箱保溫24小時，使皂液能夠持續皂化，或是用毛毯包住，也有同樣的效果。

8 脫模——保溫24小時之後即可脫模，若手工皂呈現濕黏的狀態不好脫模，可以再多放2～3天再脫模。

9 切皂晾皂——脫模後風乾約2～3天即可切皂，將切好的手工皂靜置於陰涼通風處約30～45日，待手工皂完全熟成後即可使用。

White
Soap

配方

油脂
金盞花浸泡油 100g
椰子油　　　75g
棕櫚油　　　155g
酪梨油　　　75g
黃金荷荷芭油 75g
蜂蠟　　　　20g

總油重500g

氫氧化鈉鹼液
氫氧化鈉　　66g
純水　　　　100ml

添加物
白芨粉　　　5g
白芷粉　　　15g
白茯苓粉　　15g
白蘞粉　　　5g
薏仁粉　　　10g

美白淡斑・抑制面皰生成

東方美人
洗顏皂

老祖宗所流傳下來的智慧，白芨、白芷、白蘞、白伏苓等中藥材，入皂後有保護皮膚、鎮靜消炎的作用，適合容易長面皰的人使用，白芷又名香白芷，具解熱、抗炎等作用；白芨又被稱為紫蘭；可以柔化肌膚；薏仁能使皮膚白 亮麗；白蘞能有效抑制黑色素生成；白伏苓可以緊緻肌膚。**眾多的中藥成份都具有美白、淡疤的驚人效果，且散發淡淡香味，能安定緊張的情緒。**

Memo

潔顏：所有肌膚
沐浴：✓ 適合
洗髮：✗ 不適合

作 法 *Step by Step*

A → **準備油鹼**

1 **製作鹼液**——到空曠通風處，將測量好的氫氧化鈉與純水混合，充分攪拌後靜置使鹼液溫度降至50℃。

2 **加熱油脂**——將所有油脂秤量好倒入鍋中，並將油脂升溫至50℃。

B → **打皂混合**

3 **攪拌10分鐘**——等鹼液與油脂的溫度都在50℃時，即可將鹼液慢慢倒入，不斷的攪拌均勻，攪拌約10分鐘後，靜置5分鐘觀察是否有油水分離的狀況。

4 **再打10分鐘**——如果有油水分離的狀況，繼續再打皂10分鐘，待皂液呈現濃稠美奶滋，完全均勻混合時，即可以停止攪拌。

5 **隔水加溫**——此時的皂液溫度約為40℃左右，若皂液溫度低於40℃，可稍微將皂液隔水加熱，讓皂液回溫至40～45℃，讓皂液有足夠的溫度可以持續皂化。

6 **加入添加物**——接著加入白芨粉、白芷粉、白茯苓粉、白蘞粉、薏仁粉，一邊攪拌時，均勻攪拌約3分鐘後即可入模。

C → **入模完成**

7 **入模保溫**——攪拌均勻後就可以倒入模具中，並且放入保麗龍箱保溫24小時，使皂液能夠持續皂化，或是用毛毯包住，也有同樣的效果。

8 **脫模**——保溫24小時之後即可脫模，若手工皂呈現濕黏的狀態不好脫模，可以再多放2～3天再脫模。

9 **切皂晾皂**——脫模後風乾約2～3天即可切皂，將切好的手工皂靜置於陰涼通風處約30～45日，待手工皂完全熟成後即可使用。

草本清香・舒緩問題肌膚

凡爾賽
玫瑰紓緩皂

配方

油脂

椰子油	100g
紅棕櫚油	125g
乳油木果脂	75g
夏威夷堅果油	100g
甜杏仁油	100g

總油重500g

氫氧化鈉鹼液

氫氧化鈉	73g
純水	110ml

添加物

玫瑰精油	15ml
玫瑰香精	5ml

夏威夷堅果油的親膚性佳，具有強效的保溼效果，可促進皮膚細胞再生及修復傷口，且能改善青春痘、濕疹等問題，搭配玫瑰香精及玫瑰精油帶有濃郁的草本香氣，**產生的泡泡清香綿密，用畫圈的方式輕輕按摩雙頰，洗淨後肌膚感覺舒服不緊繃**，能舒緩皮膚發炎，放鬆緊張情緒，適合各種膚質的人使用，特別能改善皮膚曬傷及乾燥受損的肌膚問題。

Memo

潔顏：所有肌膚
沐浴：✔適合
洗髮：✘不適合

作 法 *Step by Step*

A → **準備油鹼**

1 製作鹼液——到空曠通風處，將測量好的氫氧化鈉與純水混合，充分攪拌後靜置使鹼液溫度降至50℃。

2 加熱油脂——將所有油脂秤量好倒入鍋中，並將油脂升溫至50℃。

B → **打皂混合**

3 攪拌10分鐘——等鹼液與油脂的溫度都在50℃時，即可將鹼液慢慢倒入，不斷的攪拌均勻，攪拌約10分鐘後，靜置5分鐘觀察是否有油水分離的狀況。

4 再打10分鐘——如果有油水分離的狀況，繼續再打皂10分鐘，待皂液呈現濃稠美奶滋，完全均勻混合時，即可以停止攪拌。

5 隔水加溫——此時的皂液溫度約為40℃左右，若皂液溫度低於40℃，可稍微將皂液隔水加熱，讓皂液回溫至40～45℃，讓皂液有足夠的溫度可以持續皂化。

6 加入添加物——將玫瑰香精和玫瑰精油分別分三次慢慢倒入混合，均勻攪拌約三分鐘後即可入模。

C → **入模完成**

7 入模保溫——攪拌均勻後就可以倒入模具中，並且放入保麗龍箱保溫24小時，使皂液能夠持續皂化，或是用毛毯包住，也有同樣的效果。

8 脫模——保溫24小時之後即可脫模，若手工皂呈現濕黏的狀態不好脫模，可以再多放2～3天再脫模。

9 切皂晾皂——脫模後風乾約2～3天即可切皂，將切好的手工皂靜置於陰涼通風處約30～45日，待手工皂完全熟成後即可使用。

Evening
Primrose

改善掉髮・刺激毛髮生長

月見草
香氛洗髮皂

配方

油脂

山茶花油	100g
荷荷芭油	75g
橄欖油	175g
椰子油	75g
蓖麻油	75g
月見草油	50g
（超脂用）	

總油重500g

氫氧化鈉鹼液

氫氧化鈉	66g
純水	132ml

添加物

洋甘菊精油	15ml
迷迭香精油	10ml
薄荷精油	5ml

月見草油含有非常豐富的次亞麻油酸成份，能舒緩濕疹、皮膚乾燥發癢的現象，改善皮膚的異常症狀，如：脂漏性皮膚炎，對預防掉髮及指甲的健康有很大的幫助，而迷迭香精油具有收縮效果，可用於鬆弛的肌膚，有助於肌膚回春，還能改善頭皮屑現象並刺激毛髮生長，解決掉髮的煩惱，搭配洋**甘菊、迷迭香及薄荷精油以3：2：1的比例能調配出專櫃的SPA香氛**，不妨試試看喔！

Memo
潔顏：✗ 不適合
沐浴：✓ 適合
洗髮：✓ 適合

作法 *Step by Step*

Ⓐ → 準備油鹼

1 製作鹼液——到空曠通風處，將測量好的氫氧化鈉與純水混合，充分攪拌後靜置使鹼液溫度降至50℃。

2 加熱油脂——將所有油脂秤量好倒入鍋中，並將油脂升溫至50℃。

Ⓑ → 打皂混合

3 攪拌10分鐘——等鹼液與油脂的溫度都在50℃時，即可將鹼液慢慢倒入，不斷的攪拌均勻，攪拌約10分鐘後，靜置5分鐘觀察是否有油水分離的狀況。

4 再打10分鐘——如果有油水分離的狀況，繼續再打皂10分鐘，待皂液呈現濃稠美奶滋，完全均勻混合時，即可以停止攪拌。

5 隔水加溫——此時的皂液溫度約為40℃左右，若皂液溫度低於40℃，可稍微將皂液隔水加熱，讓皂液回溫至40～45℃，讓皂液有足夠的溫度可以持續皂化。

6 加入添加物——接著將精油分三次慢慢倒入皂液中，接著將50g的月見草油倒入trace的皂液中作為超脂用，可提昇手工皂的功效，均勻攪拌約三分鐘後即可入模。

Ⓒ → 入模完成

7 入模保溫——攪拌均勻後就可以倒入模具中，並且放入保麗龍箱保溫24小時，使皂液能夠持續皂化，或是用毛毯包住，也有同樣的效果。

8 脫模——保溫24小時之後即可脫模，若手工皂呈現濕黏的狀態不好脫模，可以再多放2～3天再脫模。

9 切皂晾皂——脫模後風乾約2～3天即可切皂，將切好的手工皂靜置於陰涼通風處約30～45日，待手工皂完全熟成後即可使用。

白皙嫩膚・清除代謝廢物

牧場
特濃牛乳皂

配方

油脂

椰子油	100g
棕櫚油	100g
乳油木果脂	20g
蜂蠟	20g
橄欖油	200g
玉米油	50g
小麥胚芽油	10g

總油重500g

氫氧化鈉鹼液

氫氧化鈉	72g
牛乳	100ml

添加物

高嶺土	2g

Memo

潔顏：所有肌膚
沐浴：✔ 適合
洗髮：✘ 不適合

古埃及豔后以隔夜的牛奶洗澡，法國宮廷的仕女流行以酸乳洗臉，還有中國楊貴妃的牛奶浴，説明牛奶在美容史上所占的重要地位，**以牛乳代替純水做出的手工皂，搭配化妝品等級的高嶺土，能使肌膚更加光滑白皙**，高嶺土是一種常見的深海泥，通常被應用在面膜上，入皂後可以清除代謝角質廢物，深層清潔皮膚，使皮膚更光滑有彈性。

作 法 *Step by Step*

(A) → 準備油鹼

1 製作鹼液──到空曠通風處，將測量好的氫氧化鈉與牛奶混合，充分攪拌後靜置使鹼液溫度降至50℃。

2 加熱油脂──將所有油脂秤量好倒入鍋中，並將油脂升溫至50℃。

(B) → 打皂混合

3 攪拌10分鐘──等鹼液與油脂的溫度都在50℃時，即可將鹼液慢慢倒入，不斷的攪拌均勻，攪拌約10分鐘後，靜置5分鐘觀察是否有油水分離的狀況。

4 再打10分鐘──如果有油水分離的狀況，繼續再打皂10分鐘，待皂液呈現濃稠美奶滋，完全均勻混合時，即可以停止攪拌。

5 隔水加溫──此時的皂液溫度約為40℃左右，若皂液溫度低於40℃，可稍微將皂液隔水加熱，讓皂液回溫至40～45℃，讓皂液有足夠的溫度可以持續皂化。

6 加入添加物──將高嶺土倒入皂液中混合，均勻攪拌約三分鐘後即可入模。

(C) → 入模完成

7 入模保溫──攪拌均勻後就可以倒入模具中，並且放入保麗龍箱保溫24小時，使皂液能夠持續皂化，或是用毛毯包住，也有同樣的效果。

8 脫模──保溫24小時之後即可脫模，若手工皂呈現濕黏的狀態不好脫模，可以再多放2～3天再脫模。

9 切皂晾皂──脫模後風乾約2～3天即可切皂，將切好的手工皂靜置於陰涼通風處約30～45日，待手工皂完全熟成後即可使用。

保濕活化‧肌膚清新健康

天然礦泥
深層潔膚皂

配方

油脂

椰子油	150g
棕櫚油	150g
蓖麻油	50g
荷荷芭油	50g
酪梨油	50g
葡萄籽	50g

總油重500g

氫氧化鈉鹼液

氫氧化鈉	73g
純水	183ml

添加物

死海礦泥	2g

死海礦泥蘊含的礦物質及營養濃度高達30%，在手工材料店都能購得，具有深層清潔及吸附油脂的功效，**礦物質能深入肌膚滋養保濕，使水分子長時間留駐皮膚內，使細胞再生並防止老化**，也可以有效改善痘痘粉刺的增生，使肌膚保持清新健康，搭配蓖麻油、酪梨油、葡萄籽油等多種滋養油脂，能讓乾性肌膚改善乾燥脫皮的現象，柔軟保濕肌膚。

Memo

潔顏：所有肌膚
沐浴：✓ 適合
洗髮：✗ 不適合

作 法 *Step by Step*

A → 準備油鹼

1 **製作鹼液**——到空曠通風處，將測量好的氫氧化鈉與純水混合，充分攪拌後靜置使鹼液溫度降全50℃。

2 **加熱油脂**——將所有油脂秤量好倒入鍋中，並將油脂升溫至50℃。

B → 打皂混合

3 **攪拌10分鐘**——等鹼液與油脂的溫度都在50℃時，即可將鹼液慢慢倒入，不斷的攪拌均勻，攪拌約10分鐘後，靜置5分鐘觀察是否有油水分離的狀況，

4 **再打10分鐘**——如果有油水分離的狀況，繼續再打皂10分鐘，待皂液呈現濃稠美奶滋狀，完全均勻混合時，即可以停止攪拌。

5 **隔水加溫**——此時的皂液溫度約為40℃左右，若皂液溫度低於40℃，可稍微將皂液隔水加熱，讓皂液回溫至40～45℃，讓皂液有足夠的溫度可以持續皂化。

6 **加入添加物**——接著加入精油及火山礦土，均勻攪拌約三分鐘後即可入模。

C → 入模完成

7 **入模保溫**——攪拌均勻後就可以倒入模具中，並且放入保麗龍保溫24小時，使皂液能夠持續皂化，或是用毛毯包住，也有同樣的效果。

8 **脫模**——保溫24小時之後即可脫模，若手工皂呈現濕黏的狀態不好脫模，可以再多放2～3天再脫模。

9 **切皂晾皂**——脫模後風乾約2～3天即可切皂，將切好的手工皂靜置於陰涼通風處約30～45日，待手工皂完全熟成後即可使用。

洗感溫暖 · 活絡身心健康

波斯菊
暖暖滋養皂

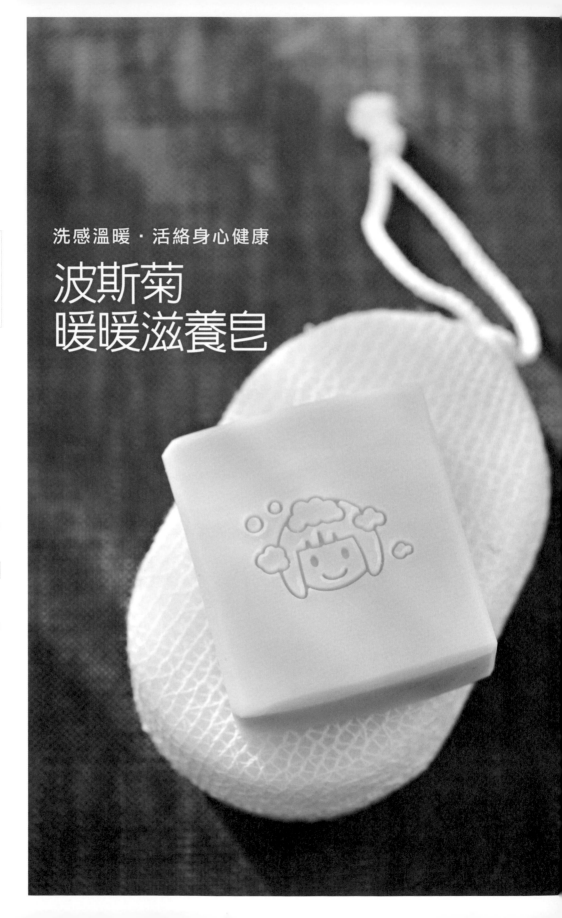

配方

油脂

椰子油	125g
棕櫚油	125g
橄欖油	125g
榛果油	125g
玫瑰果油	50g
（超脂用）	

總油重500g

氫氧化鈉鹼液

氫氧化鈉	72g
純水	144ml

添加物

洋甘菊精油	10ml
唐辛子精油	5ml
薑黃精油	5ml
肉豆蔻精油	5ml
橙花精油	5ml

橙花精油有增強細胞活力的特性，能幫助細胞再生，再顯肌膚彈性，適合所有膚質使用，特別是靜脈曲張、疤痕及妊娠紋等問題都能有效的改善，薑黃精油有調整體質、增體力、疏解筋骨酸痛、減緩四肢麻木的功效，搭配肉豆蔻、唐辛子等精油入皂後，**會發揮熱導效應，洗感溫暖，可活絡身心，增強身體的抵抗力**，能幫助肌膚吸收滲透力更佳。

Memo

潔顏：所有肌膚
沐浴：✔適合
洗髮：✘不適合

作 法 *Step by Step*

(A) → **準備油鹼**

1 **製作鹼液**——到空曠通風處，將測量好的氫氧化鈉與純水混合，充分攪拌後靜置使鹼液溫度降至50℃。

2 **加熱油脂**——將所有油脂秤量好倒入鍋中，並將油脂升溫至50℃。

(B) → **打皂混合**

3 **攪拌10分鐘**——等鹼液與油脂的溫度都在50℃時，即可將鹼液慢慢倒入，不斷的攪拌均勻，攪拌約10分鐘後，靜置5分鐘觀察是否有油水分離的狀況。

4 **再打10分鐘**——如果有油水分離的狀況，繼續再打皂10分鐘，待皂液呈現濃稠美奶滋，完全均勻混合時，即可以停止攪拌。

5 **隔水加溫**——此時的皂液溫度約為40℃左右，若皂液溫度低於40℃，可稍微將皂液隔水加熱，讓皂液回溫至40～45℃，讓皂液有足夠的溫度可以持續皂化。

6 **加入添加物**——將精油分三次倒入皂液中混合，均勻攪拌約三分鐘後即可入模。

(C) → **入模完成**

7 **入模保溫**——攪拌均勻後就可以倒入模具中，並且放入保麗龍箱保溫24小時，使皂液能夠持續皂化，或是用毛毯包住，也有同樣的效果。

8 **脫模**——保溫24小時之後即可脫模，若手工皂呈現濕黏的狀態不好脫模，可以再多放2～3天再脫模。

9 **切皂晾皂**——脫模後風乾約2～3天即可切皂，將切好的手工皂靜置於陰涼通風處約30～45日，待手工皂完全熟成後即可使用。

緊緻臉龐・再現健康紅潤

玫瑰天竺葵
活力皂

配方

油脂
椰子油	100g
紅棕櫚油	100g
橄欖油	200g
辣木油	50g
玫瑰果油	50g

總油重500g

氫氧化鈉鹼液
氫氧化鈉	72g
純水	110ml

添加物
玫瑰天竺葵	
精油	15ml

Geranium
Soap

玫瑰天竺葵精油曾被視為窮人的玫瑰，**氣味略帶薄荷與玫瑰花的香味，入皂後能讓肌膚緊實有光澤**，並可平衡情緒、安撫提振心情，紅棕櫚油是由天然的紅棕櫚果提煉而成，呈深橘色，具含有豐富的維生素E，入皂後會使手工皂變成粉紅或橘紅色，因含有大量抗氧化物質，因此做出的手工皂也較不容易酸敗，能有效調理皮膚油脂分泌，呈現健康紅潤的光澤。

Memo
潔顏：所有肌膚
沐浴：✓適合
洗髮：✗不適合

作 法 *Step by Step*

A → 準備油鹼

1 製作鹼液——到空曠通風處，將測量好的氫氧化鈉與純水混合，充分攪拌後靜置使鹼液溫度降至50℃。

2 加熱油脂——將所有油脂秤量好倒入鍋中，並將油脂升溫至50℃。

B → 打皂混合

3 攪拌10分鐘——等鹼液與油脂的溫度都在50℃時，即可將鹼液慢慢倒入，不斷的攪拌均勻，攪拌約10分鐘後，靜置5分鐘觀察是否有油水分離的狀況。

4 再打10分鐘——如果有油水分離的狀況，繼續再打皂10分鐘，待皂液呈現濃稠美奶滋，完全均勻混合時，即可以停止攪拌。

5 隔水加溫——此時的皂液溫度約為40℃左右，若皂液溫度低於40℃，可稍微將皂液隔水加熱，讓皂液回溫至40～45℃，讓皂液有足夠的溫度可以持續皂化。

6 加入添加物——將玫瑰天竺葵精油倒入皂液中混合，均勻攪拌約三分鐘後即可入模。

C → 入模完成

7 入模保溫——攪拌均勻後就可以倒入模具中，並且放入保麗龍箱保溫24小時，使皂液能夠持續皂化，或是用毛毯包住，也有同樣的效果。

8 脫模——保溫24小時之後即可脫模，若手工皂呈現濕黏的狀態不好脫模，可以再多放2～3天再脫模。

9 切皂晾皂——脫模後風乾約2～3天即可切皂，將切好的手工皂靜置於陰涼通風處約30～45日，待手工皂完全熟成後即可使用。

抗痘去油・溫和護膚潔顏

紫草
抗痘修護皂

配方

油脂

椰子油	75g
棕櫚油	100g
紫草浸泡 橄欖油	200g
甜杏仁油	100g
月見草油	25g

總油重500g

氫氧化鈉鹼液

氫氧化鈉	72g
純水	108ml

添加物

薰衣草精油 10ml
薰衣草香精 5ml
乾燥薰衣草 適量

紫草浸泡油可以修護肌膚的痘疤、使疤痕傷口癒合，洗後感覺清爽，肌膚不易泛油光，**對於紅腫的痘痘濃皰能幫助消炎鎮定，促進肌膚組織再生，是痘痘肌膚的理想洗顏配方**，還能照顧夏日局部易乾燥的肌膚，薰衣草性質溫和，能自然代謝表皮層黑色素，進而使肌膚年輕健康，達到舒適的護膚成效。所以自古以來有著皮膚外科良藥之美譽。

Memo

潔顏：中性混合、
　　　問題性肌膚
沐浴：✓ 適合
洗髮：✗ 不適合

作　法 *Step by Step*

A → 準備油鹼

1 製作鹼液——到空曠通風處，將測量好的氫氧化鈉與純水混合，充分攪拌後靜置使鹼液溫度降至50℃。

2 加熱油脂——將所有油脂秤量好倒入鍋中，並將油脂升溫至50℃。

B → 打皂混合

3 攪拌10分鐘——等鹼液與油脂的溫度都在50℃時，即可將鹼液慢慢倒入，不斷的攪拌均勻，攪拌約10分鐘後，靜置5分鐘觀察是否有油水分離的狀況。

4 再打10分鐘——如果有油水分離的狀況，繼續再打皂10分鐘，待皂液呈現濃稠美奶滋，完全均勻混合時，即可以停止攪拌。

5 隔水加溫——此時的皂液溫度約為40℃左右，若皂液溫度低於40℃，可稍微將皂液隔水加熱，讓皂液回溫至40～45℃，讓皂液有足夠的溫度可以持續皂化。

6 加入添加物——將薰衣草精油、薰衣草香精、乾燥薰衣草倒入皂液中混合，均勻攪拌約三分鐘後即可入模。

C → 入模完成

7 入模保溫——攪拌均勻後就可以倒入模具中，並且放入保麗龍保溫24小時，使皂液能夠持續皂化，或是用毛毯包住，也有同樣的效果。

8 脫模——保溫24小時之後即可脫模，若手工皂呈現濕黏的狀態不好脫模，可以再多放2～3天再脫模。

9 切皂晾皂——脫模後風乾約2～3天即可切皂，將切好的手工皂靜置於陰涼通風處約30～45日，待手工皂完全熟成後即可使用。

溫和清潔·強健頭皮髮絲

黃金荷荷芭
洗髮皂

配方

油脂

橄欖油	175g
棕櫚油	100g
椰子油	130g
蓖麻油	75g
蜂蠟	20g
荷荷芭油	100g
（超脂用）	

總油重500g

氫氧化鈉鹼液

氫氧化鈉	73g
純水	110ml

添加物

快樂鼠尾草精油	15ml
薰衣草精油	10ml

未精緻的荷荷巴油呈現黃金色，**富含蛋白質、礦物質及豐富的維他命D、E，具有良好的修護及保濕功能**，能使毛燥受損的髮質變的蓬鬆輕柔，搭配快樂鼠尾草及薰衣草精油，香氣怡人，能清潔頭皮，強健髮絲，去除頭皮屑的困擾，因為不含矽靈，因此洗髮後會感覺有點澀澀的，可以搭配護髮產品，使髮絲更好摸有彈性。

Memo

潔顏：	乾性肌膚
沐浴：	✓適合
洗髮：	✓適合

作 法 *Step by Step*

 準備油鹼

1 製作鹼液——到空曠通風處，將測量好的氫氧化鈉與純水混合，充分攪拌後靜置使鹼液溫度降至50℃。

2 加熱油脂——將所有油脂秤量好倒入鍋中，並將油脂升溫至50℃。

B → **打皂混合**

3 攪拌10分鐘——等鹼液與油脂的溫度都在50℃時，即可將鹼液慢慢倒入，不斷的攪拌均勻，攪拌約10分鐘後，靜置5分鐘觀察是否有油水分離的狀況。

4 再打10分鐘——如果有油水分離的狀況，繼續再打皂10分鐘，待皂液呈現濃稠美奶滋，完全均勻混合時，即可以停止攪拌。

5 隔水加溫——此時的皂液溫度約為40℃左右，若皂液溫度低於40℃，可稍微將皂液隔水加熱，讓皂液回溫至40～45℃，讓皂液有足夠的溫度可以持續皂化。

6 加入添加物——接著將精油分三次慢慢倒入皂液中，接著將100g的荷荷芭油倒入trace的皂液中作為超脂用，可提昇手工皂的功效，均勻攪拌約三分鐘後即可入模。

 入模完成

7 入模保溫——攪拌均勻後就可以倒入模具中，並且放入保麗龍箱保溫24小時，使皂液能夠持續皂化，或是用毛毯包住，也有同樣的效果。

8 脫模——保溫24小時之後即可脫模，若手工皂呈現濕黏的狀態不好脫模，可以再多放2～3天再脫模。

9 切皂晾皂——脫模後風乾約2～3天即可切皂，將切好的手工皂靜置於陰涼通風處約30～45日，待手工皂完全熟成後即可使用。

改善乾癢 · 加倍滋養保濕

森林薰衣草
潔膚皂

配方

油脂
椰子油　　　75g
紅棕櫚油　　75g
橄欖油　　　250g
甜杏仁油　　100g
黃金荷荷芭油
（超脂用）　30g

總油重500g

氫氧化鈉鹼液
氫氧化鈉　　72g
純水　　　　144ml

添加物
薰衣草精油　5ml
白麝香精　　5ml
玉蘭花香精　5ml

季節變換時肌膚容易乾燥、發癢，**甜杏仁油能改善乾癢的現象**，橄欖油搭配椰子油能產生綿密豐厚的泡泡，充分滋潤保濕，預防乾燥肌膚脫皮，搭配荷荷芭油能讓滋養加倍，紅棕櫚油能抗氧化，預防老化的皺紋，薰衣草精油及白麝、玉蘭花香精調配在一起，**能使手工皂具有清新的森林香味，洗感舒適無負擔**，不建議用來洗髮，容易使髮絲過度滋潤而產生黏膩糾結。

Memo

潔顏：乾性敏感、
　　　問題性肌膚
沐浴：✓適合
洗髮：✗不適合

作 法 *Step by Step*

A → **準備油鹼**

1 製作鹼液——到空曠通風處，將測量好的氫氧化鈉與純水混合，充分攪拌後靜置使鹼液溫度降至50℃。

2 加熱油脂——將所有油脂秤量好倒入鍋中，並將油脂升溫至50℃。

B → **打皂混合**

3 攪拌10分鐘——等鹼液與油脂的溫度都在50℃時，即可將鹼液慢慢倒入，不斷的攪拌均勻，攪拌約10分鐘後，靜置5分鐘觀察是否有油水分離的狀況。

4 再打10分鐘——如果有油水分離的狀況，繼續再打皂10分鐘，待皂液呈現濃稠美奶滋，完全均勻混合時，即可以停止攪拌。

5 隔水加溫——此時的皂液溫度約為40℃左右，若皂液溫度低於40℃，可稍微將皂液隔水加熱，讓皂液回溫至40～45℃，讓皂液有足夠的溫度可以持續皂化。

6 加入添加物——將精油和香精倒入皂液中混合，均勻攪拌約三分鐘後即可入模。

C → **入模完成**

7 入模保溫——攪拌均勻後就可以倒入模具中，並且放入保麗龍箱保溫24小時，使皂液能夠持續皂化，或是用毛毯包住，也有同樣的效果。

8 脫模——保溫24小時之後即可脫模，若手工皂呈現濕黏的狀態不好脫模，可以再多放2～3天再脫模。

9 切皂晾皂——脫模後風乾約2～3天即可切皂，將切好的手工皂靜置於陰涼通風處約30～45日，待手工皂完全熟成後即可使用。

配方

油脂

椰子油	75g
棕櫚油	75g
蓖麻油	50g
棕櫚果油	50g
酪梨油	200g
葡萄籽油	50g

總油重500g

氫氧化鈉鹼液

氫氧化鈉	71g
純水	178ml

添加物

檸檬精油	5ml
葡萄柚精油	5ml
玉蘭花香精	5ml
茉莉香精	5ml
甜橙精油	5ml
新鮮檸檬皮	3g
新鮮檸檬汁	5cc

洗臉等級・美白首選

檸檬
淨透白皙皂

Memo

潔顏：中油性肌膚
沐浴：✔適合
洗髮：✘不適合

檸檬含有一種「枸櫞酸」，枸櫞酸可防止顆粒色素粒子積聚於皮下，而溫和的達到美白功效，不但可以增加皮膚的光澤，**還能淡化雀斑、收斂毛孔，調節油性肌膚的皮脂分泌，消除橘皮組織**，對於頸部肌膚也可以幫助去除暗沈，淡化頸部的細紋。玉蘭花和茉莉香氛搭配有一種清雅的淡淡花香，可舒緩放鬆心情，因為檸檬具有光敏性所以盡量在晚上使用，以免增加黑色素沉澱。

作 法 *Step by Step*

A → **準備油鹼**

1 製作鹼液——到空曠通風處，將測量好的氫氧化鈉與純水混合，充分攪拌後靜置使鹼液溫度降至50℃。

2 加熱油脂——將所有油脂秤量好倒入鍋中，並將油脂升溫至50℃。

B → **打皂混合**

3 攪拌10分鐘——等鹼液與油脂的溫度都在50℃時，即可將鹼液慢慢倒入，不斷的攪拌均勻，攪拌約10分鐘後，靜置5分鐘觀察是否有油水分離的狀況，

4 再打10分鐘——如果有油水分離的狀況，繼續再打皂10分鐘，待皂液呈現濃稠美奶滋，完全均勻混合時，即可以停止攪拌。

5 隔水加溫——此時的皂液溫度約為40℃左右，若皂液溫度低於40℃，可稍微將皂液隔水加熱，讓皂液回溫至40～45℃，讓皂液有足夠的溫度可以持續皂化。

6 加入添加物——依序滴入精油及香精，接著加入新鮮檸檬皮及檸檬汁，均勻攪拌約三分鐘後即可入模。

C → **入模完成**

7 入模保溫——攪拌均勻後就可以倒入模具中，並且放入保麗龍保溫24小時，使皂液能夠持續皂化，或是用毛毯包住，也有同樣的效果。

8 脫模——保溫24小時之後即可脫模，若手工皂呈現濕黏的狀態不好脫模，可以再多放2～3天再脫模。

9 切皂晾皂——脫模後風乾約2～3天即可切皂，將切好的手工皂靜置於陰涼通風處約30～45日，待手工皂完全熟成後即可使用。

Citronella
Soap

清新舒暢‧深層清潔毛孔

香茅新綠
清爽手工皂

配方

油脂

椰子油	175g
棕櫚油	175g
橄欖油	150g
總油重	500g

總油重500g

氫氧化鈉鹼液

氫氧化鈉	78g
純水	195ml

添加物

香茅精油	5ml
薄荷精油	10ml
明日葉粉	1g
竹碳粉	0.3g
乾燥薄荷葉	適量

香茅及薄荷精油入皂後具有清新的藥草香，可以提振精神使思緒清晰，具有良好的抗菌性，可以治療黑頭粉刺、瘀傷、蚊蟲叮咬，竹碳粉具有極佳的吸附力及滲透力，可以輕易去除毛孔中堆積的皮脂和髒汙，讓毛孔清新舒暢，解決老廢角質堆積，**很適合油性肌膚及運動量大的男性使用，香茅具有刺激性所以較不適合高血壓及孕婦使用。**

Memo

潔顏：	中油性肌膚 痘痘肌膚
沐浴：	✔ 適合
洗髮：	✘ 不適合

作　法 *Step by Step*

A → 準備油鹼

1　製作鹼液——到空曠通風處，將測量好的氫氧化鈉與純水混合，充分攪拌後靜置使鹼液溫度降至50℃。

2　加熱油脂——將所有油脂秤量好倒入鍋中，並將油脂升溫至50℃。

B → 打皂混合

3　攪拌10分鐘——等鹼液與油脂的溫度都在50℃時，即可將鹼液慢慢倒入，不斷的攪拌均勻，攪拌約10分鐘後，靜置5分鐘觀察是否有油水分離的狀況。

4　再打10分鐘——如果有油水分離的狀況，繼續再打皂10分鐘，待皂液呈現濃稠美奶滋，完全均勻混合時，即可以停止攪拌。

5　隔水加溫——此時的皂液溫度約為40℃左右，若皂液溫度低於40℃，可稍微將皂液隔水加熱，讓皂液回溫至40～45℃，讓皂液有足夠的溫度可以持續皂化。

6　加入添加物——將香茅精油、薄荷精油、乾燥薄荷葉、明日葉粉、竹碳粉倒入皂液中混合，均勻攪拌三分鐘後即可入模。

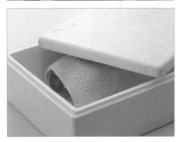

C → 入模完成

7　入模保溫——攪拌均勻後就可以倒入模具中，並且放入保麗龍箱保溫24小時，使皂液能夠持續皂化，或是用毛毯包住，也有同樣的效果。

8　脫模——保溫24小時之後即可脫模，若手工皂呈現濕黏的狀態不好脫模，可以再多放2～3天再脫模。

9　切皂晾皂——脫模後風乾約2～3天即可切皂，將切好的手工皂靜置於陰涼通風處約30～45日，待手工皂完全熟成後即可使用。

質感小物・替手工皂加分

造型多變的皂章可以幫表面單調的手工皂加以裝飾，最適合蓋皂章的時間是在脫模完後的3天～2週不等，蓋的時候你可以先壓看看皂邊，待皂不軟也不硬的時候是蓋皂章的最佳時機；家事皂的硬度較一般沐浴皂高，因此在脫模後12小時之內，稍微風乾就可以先蓋蓋看，如果太軟就可以再放幾小時後再蓋。

蓋皂章小技巧 *Step by Step*

1 擺好位置
先把皂章擺在手工皂上想蓋的位置。

2 往下施力
雙手重疊用手掌根部往下施力，可以讓施力點更平均。

3 從側面細看
當快蓋到底時，將手工皂拿起從側面細看，皂章是否已快蓋到底，以免蓋的太深，會把皂章邊緣也蓋出來。

5 輕拔皂章
蓋好後就可以輕輕將皂章拔起，如果太黏可以稍微左右搖動使其容易拔起。

6 挑起皂屑
有時候蓋完產生皂屑，你可以用牙籤或細針將皂屑輕輕挑起。

7

完成囉
原本平凡無奇的手工皂蓋上皂章，整體質感馬上加分，你也可以訂作專屬自己的的姓名或圖案皂章，不管是送禮或自用都擁有不一樣的手作質感喔。

雜葉商行

　　雜葉商行為貓咪走路經典手工皂坊第一家手工皂原料實體店鋪，主要以提供手工皂及基礎保養品原物料為主，所有商品大多由德國進口且都皆由小石老師親身體驗試用過，並好評推薦給喜愛天然手作的你。

　　雜葉商行除了提供手工皂所需各式原料外，所提供的精油、香精種類為業界最多，共有千餘種之多，給喜愛各式香氛的你，讓您不需要再為了找原料而傷腦筋。

　　雜葉商行給您最好的選擇！歡迎大家有空前來逛逛！

網站：www.shop2000.com.tw/雜葉商行
地址：台北市松山區永吉路225巷42號
電話：02-2768-1566

芳療香草‧慢生活

NHK 人氣節目、英國香草專家親繪 300 張插畫＆精美圖，
70 種香草圖鑑 x 84 道芳療手作 x 10 個園藝技巧

走進英國貴族的香草花園，向大自然學習，
愛自己的正確方法

維妮西亞身為英國貴族，卻飛越大半個地球，尋
尋覓覓關於人生的答案。最後，她在京都的一方
庭院中找到歸屬感。她認為，我們總覺得內心缺
少了什麼，是因為遺失了與大自然的連結。
每個人心中的迷惘，都能在庭院中找到解答。

本書特色

1. **大開本視覺享受，超過 300 張精美圖照**
   135 張精美照片，包括大幅跨頁、全頁風景花
   草照，以及料理、手作、園藝工作照等。87
   幅作者親筆手繪插圖，精準捕捉香草特徵，傳
   遞獨特自然的生活溫度。

2. **融合東西方香草智慧，分享最實用的手作技巧**
   介紹各種香草有趣的故事和神話傳說、花語，
   並蒐集世界各地活用香草療癒身心的方法。

3. **充滿綠意的紓壓閱讀**
   維妮西亞用感性的散文及小品文，使田園生
   活躍然紙上。旁徵博引和大自然相關的名言
   古諺，在香草的陪伴下一步一步忘卻煩惱，
   讓心靈歸於平靜。

透過花草的力量，撫慰疲憊身心
一個來自倫敦的英國貴族，在京都
百年老宅實現香草花園夢想

維妮西雅‧史坦利‧史密斯
（Venetia Stanley-Smith）／著
方冠婷／譯

韓國第一品牌
天然手作保養品170款獨門配方

以天然草本取代化學原料,親手做清潔、保養、香氛用品,
享受無負擔生活

為什麼要自己做「天然保養品」?

- 為敏感膚質找到最安心的守護
- 杜絕塑料與化學品,有益肌膚、友善環境的生活新主張
- 享受手作天然皂、香氛蠟燭的單純快樂
- 給小寶寶嬌嫩脆弱的肌膚最細緻的照護
- 不被品牌綁架,選擇純天然、適合自己的配方

與其衡量「要買哪個牌子」,倒不如思考「適合自己的主張」

越昂貴的保養品不見得越好,堅持使用無添加化學物質、自己做純天然保養品,勝過市面上的保養品。

170款天然配方,給你從頭到腳的全心呵護

1. 全身保養

收錄適合不同膚質的洗面乳、化妝水、乳液等保養配方。沐浴乳、洗髮精等每天都需使用的清潔品,也能自己做,安心洗淨。

2. 細部滋養:指緣 & 腳跟 & 嘴唇

指緣、腳跟、嘴唇等小部位,容易因為天氣變化變得乾裂粗糙,書中收錄多款針對局部的保養配方,加強照護。

3. 給小寶寶、男士們專屬的肌膚照顧

本書特別針對肌膚敏感脆弱的小寶寶、油水易失衡的男性族群,提供更貼心細緻的照護配方。

4. 無毒居家香氛,打造清新氛圍

以植物精油等自然原料製作的香氛產品,呼吸之間都讓人無比放心。

再頂級的保養品都比不上「純天然」
以天然草本為原料,全面取代化學合成物
韓國第一天然手作保養品牌,170款獨門配方首次公開

蔡柄製、金勤燮 ／著　　黃薇之 ／譯

生活樹系列 066

3 步驟做頂級天然保養品【暢銷修訂版】

作　　　者	石彥豪
攝　　　影	廖家威
總　編　輯	何玉美
主　　　編	紀欣怡
封 面 設 計	張天薪
內 頁 設 計	行者創意
插　　　畫	2D 馬賽克

出 版 發 行	采實文化事業股份有限公司
行 銷 企 劃	陳佩宜・黃于庭・馮羿勳
業 務 發 行	盧金城・張世明・林踏欣・林坤蓉・王貞玉
國 際 版 權	王俐雯・林冠妤
印 務 採 購	曾玉霞
會 計 行 政	王雅蕙・李韶婉
法 律 顧 問	第一國際法律事務所　余淑杏律師
電 子 信 箱	acme@acmebook.com.tw
采 實 官 網	www.acmebook.com.tw
采 實 臉 書	www.facebook.com/acmebook01

I S B N	978-957-8950-76-4
定　　　價	350 元
初 版 一 刷	2018 年 12 月
劃 撥 帳 號	50148859
劃 撥 戶 名	采實文化事業股份有限公司
	104 臺北市中山區建國北路二段 92 號 9 樓
	電話：(02)2518-5198
	電話：(02)2518-5198　傳真：(02)2518-2098

國家圖書館出版品預行編目資料

3 步驟做頂級天然保養品 / 石彥豪作 . -- 修訂初版 . -- 臺北市：采實文化，
2018.12
　面；　公分 . -- (生活樹；66)
ISBN 978-957-8950-76-4(平裝)

1. 化粧品 2. 肥皂

466.7　　　　　　　　　　　　　　　　　107019659

采實文化　采實文化事業有限公司
ACME PUBLISHING

104台北市中山區建國北路二段92號9樓

采實文化讀者服務部　收

讀者服務專線：02-2518-5198

3步驟 做頂級天然保養品

生活樹 **生活樹系列**專用回函

3步驟做頂級天然保養品【暢銷修訂版】：65款保養品‧貼身皂自然美膚配方一次收錄

讀者資料（本資料只供出版社內部建檔及寄送必要書訊使用）：

1. 姓名：

2. 性別：□男　□女

3. 出生年月日：民國　　　年　　　月　　　日（年齡：　　　歲）

4. 教育程度：□大學以上　□大學　□專科　□高中（職）　□國中　□國小以下（含國小）

5. 聯絡地址：

6. 聯絡電話：

7. 電子郵件信箱：

8. 是否願意收到出版物相關資料：□願意　□不願意

購書資訊：

1. 您在哪裡購買本書？□金石堂（含金石堂網路書店）　□誠品　□何嘉仁　□博客來
　 □墊腳石　□其他：＿＿＿＿＿＿＿＿＿＿＿＿（請寫書店名稱）

2. 購買本書日期是？＿＿＿＿年＿＿＿＿月＿＿＿＿日

3. 您從哪裡得到這本書的相關訊息？□報紙廣告　□雜誌　□電視　□廣播　□親朋好友告知
　 □逛書店看到　□別人送的　□網路上看到

4. 什麼原因讓你購買本書？□喜歡作者　□喜歡手工藝　□被書名吸引才買的　□封面吸引人
　 □內容好，想買回去做做看　□其他：＿＿＿＿＿＿＿＿＿＿＿＿（請寫原因）

5. 看過書以後，您覺得本書的內容：□很好　□普通　□差強人意　□應再加強　□不夠充實

6. 對這本書的整體包裝設計，您覺得：□都很好　□封面吸引人，但內頁編排有待加強
　 □封面不夠吸引人，內頁編排很棒　□封面和內頁編排都有待加強　□封面和內頁編排都很差

寫下您對本書及出版社的建議：

1. 您最喜歡本書的特點：□圖片精美　□實用簡單　□包裝設計　□內容充實

2. 您最想學哪一款保養品及手工皂？

＿＿＿＿＿＿＿＿＿＿＿＿＿＿＿＿＿＿＿＿＿＿＿＿＿＿＿＿＿＿＿＿＿＿＿＿

3. 您對書中教的保養品及手工皂製作方法有沒有不懂的地方？

＿＿＿＿＿＿＿＿＿＿＿＿＿＿＿＿＿＿＿＿＿＿＿＿＿＿＿＿＿＿＿＿＿＿＿＿

4. 未來，您還希望我們出版什麼方向的工具類書籍？

＿＿＿＿＿＿＿＿＿＿＿＿＿＿＿＿＿＿＿＿＿＿＿＿＿＿＿＿＿＿＿＿＿＿＿＿